U0502704

开展这个项目，并自始至终支持这项工作。最后，我们感谢在芝加哥大学出版社的编辑查德·齐默尔曼（Chad Zimmerman）和美国国家经济研究局的海伦娜·菲茨－帕特里克（Helena Fitz-Patrick），他们在这本书的编辑出版过程中提供了极大的帮助。

目录

引言

第1章　创新的社会回报率计算

第2章　创新与人力资本政策

第 6 章　税收与创新：我们已知多少？

第 7 章　创业的政府激励

引言

奥斯坦·古尔斯比 [1] 和本杰明·F. 琼斯 [2]

① 奥斯坦·古尔斯比（Austan Goolsbee）是芝加哥大学布斯商学院的经济学教授罗伯特·P.格温和美国国家经济研究局的研究助理。

② 本杰明·F.琼斯（Benjamin F. jones）是美国西北大学戈登和卢拉·冈德家族创业学教授和战略教授，也是美国国家经济研究局的研究助理。

　　创新通常被视为促进经济繁荣和改善人类健康的核心力量。从工业革命初期开始，政策制定者们就认识到科技进步的作用。英国首相本杰明·迪斯雷利（Benjamin Disraeli）曾说："这50年曾经发生了多少事件……而我记得的则是那些改变了人类地位和前景的科学革命……其影响超过了历史上所有的征服、所有的法典和所有的立法者"（洛克耶，1903，735）。迪斯雷利的观察更引人注目，因为其早在1870年就提出了过去150年中的绝大部分重大创新成果——电力、汽车和飞机、抗生素和疫苗、农业进步、计算机、互联网、生物技术等。与1870年相比，今天美国的人均收入提高了18倍，人类的预期寿命延长了35岁。[①]

　　经济学家通过对经济增长（索洛，1956）、工业生产率（格里利谢斯，1979）、行业动态（顺彼得，1942）以及更广泛的经济史（莫基尔，1990；罗森伯格，1982）等的研究逐渐理解了创新的核心作用。与此同时，美国政府出台的政策已开始通过一系列机制来促进创新，从嵌入美国宪法的知识产权体系到一些战后主要机构（如美国国家科学基金会、研究机构和实验机构）的税收抵免。今天，公共政策在支持创新，从根本上讲，是在支持经

---

① 如要了解历史实际人均收入，请见琼斯（2016）。有关历史预期寿命，请见哈克（2010）。

济和公共卫生方面的作用，让人感觉从未如此强烈。在 2020 年写下这一章时，正值我们共同面对新冠疫情时期。[1] 创新——包括更好的检测、治疗方法和新疫苗——对于克服新冠疫情对人类健康与繁荣造成的毁灭性后果至关重要。

本书收集了关于创新政策的新见解。这些贡献源自对那些能够更好地推动科技进步的一手政策机制和可行想法的研究。每一项分析都基于最新的经验佐证，并在现有政策和制度的背景下加以理解。

在这一介绍性章节中，我们围绕五个主题概述了新的贡献。第一个主题是关于创新投资的社会回报，这是创新获得公共支持的关键。第二个主题是人力资本，人力资本是制约国家创新能力的重要因素。第三个主题是科学资助，这主要发生在外部市场，与政府财政密切相关。第四个主题是税收政策，它既可为私营部门的创新投资提供激励也可造成阻碍。第五个主题是创业政策以及政府政策中可有效支持创立新风险企业的多种途径。

引言最后的内容对每一个主题领域的主要发现进行了总结，并突出强调了其共同论题以及可能带来的潜在政策影响。各个领域的证据表明众多政策选项可能会增加经济体中创新活动所占的

---

[1] 为了配合此书编辑出版，作者们计划在华盛顿特区的一次重要会议上展示他们的工作成果。尽管这次会议因新冠病毒大流行而取消了，但此次收集的研究资料提供了同样深入的内容，并为创新研究人员和政策制定者提供了最新且可获取的资源。

比例，并带来潜在的高社会回报。在结论部分，我们将对关键主题做进一步总结。

为什么要为创新制定公共政策？

公众支持创新的理由有两个基础。第一，创新显然对社会来说很重要，也就是说，对提高生活水平很重要。第二，从全社会的角度来看，市场可能对创新缺乏投入。虽然第一点是公认的，但第二点仍需进一步研究。私营部门在研发上投入了大量资源，约占美国国内生产总值（GDP）的 2%（美国国家科学基金会，2020）。那么公共政策支持这种私人投资或创建大型公共实体（如美国国立卫生研究院和美国国家科学基金会）的理由是什么呢？

答案取决于创新的社会回报，即社会从某一特定改进中所获得的广泛收益。如果该创新对提高生活水平至关重要，那么其回报自然也会很高。更准确地说，当创新创造出的社会价值超过创新者所获价值时，往往公共政策就会应运而生。在这种情况下，当创新投资对他人产生"正向溢出效应"时，那么私人投资该项创新的积极性将过低。

这种积极溢出效应最明显的形式可能是对科学和基础研究的投资。万尼瓦尔·布什（Vannevar Bush）是美国国家科学基金会的创始董事，他将科学描述为打开了一段"无尽前沿"的进程和"从可汲取到知识的那些实际应用中获得的资金"（布什，1945）。由于基础研究并不直接产生新产品和新服务，也就根本不存在通过市场销售来诠释私人收益。然而，在布什看来，基础研究的进展可能对许多下游研究的进展至关重要，关于这种溢出效应的轶事和广泛的经验证据比比皆是。

举个例子，看看我们所熟知的打车（如优步和来福车）的市场创新。这些业务依赖于全球定位系统（GPS），这是一个可以让司机和乘客相互定位的卫星网络。这些卫星于 1978 年首次发射，反过来又依赖于许多科学突破，包括爱因斯坦的广义相对论，该理论被明确应用于发射前调整 GPS 卫星的时钟信号。爱因斯坦于 1915 年提出的广义相对论，主要依赖于伯恩哈德·黎曼（Bernhard Riemann）最初默默无闻的工作，黎曼于 1854 年开发了必要的数学工具。这些来自数学和物理基础研究的科学突破，最终为变革性的市场创新打开了大门。

更广泛地说，市场创新自身就可能存在溢出效应，而且这些溢出效应可能很明显。这种溢出效应能够通过许多渠道产生，包括下游用户从创新中获得的价值，竞争对手仿制创新成果获得的价值，以及基于新想法的未来创新者获得的价值。世界上第一款面向大众市场的智能手机，使消费者受益；这也促进了其他智能手机制造商的效仿进入；它还促成了巨大的下游创新，创造出新的应用程序、技术和业务。然而，并非所有市场创新的溢出效应都一定是积极的。创新者们也可能都挤在狭窄的创新道路上，重复和浪费着彼此的努力。判断净溢出效应是否为正以及这些溢出效应的规模，是经验问题。

本书第 1 章《创新的社会回报率计算》回顾了关于创新的社

会回报的现有文献，并思考了在经济范围内的社会回报。该章介绍了一种计算此类回报的新方法，该方法对多种溢出边际和诸多类型的创新进行了整合。该方法进一步纳入创新成本，避免挑选赢家（如智能手机），取而代之的是包括成功和失败的成本，以及超出狭义研发支出的创新成本。该章的核心发现是，创新的社会回报作为一个整体显得极为庞大。创新投资的回报似乎是其自身投入的数倍，保守估计，投资 1 美元平均至少能带来 5 美元的收益。总之，将这种方法和以前的诸多研究相结合，其经验证据是强有力的且明确的。创新的社会回报似乎非常巨大，远远超过了私人收益。

鉴于大量正面溢出效应的证据，创新似乎存在实质性的市场失灵，放任市场自行运转将无法提供足够的创新投资。这种投资不足反过来又制约了生活水平的提高。因此，创新需要公共投资和公共政策的支持，创新政策也成为政府促进社会经济繁荣和人类健康的核心范畴。鉴于潜在政策层面的丰富情形，下一个问题则会关注具体的支持手段。本书详细地考察了采取政策行动的中心维度。

创新的人力资本

思想创造的根本是创新劳动。这种劳动力是输送新思想的渠道，当限量供应时，则是对发展速度潜在的基本限制。可用人力资本的存量反过来又取决于具体的政府政策，包括教育和移民政策。本书的第 2 章和第 3 章探讨了沿着这条路线来扩大创新劳动力的机会。

第 2 章《创新与人力资本政策》研究了创新人力资本的来源和扩大创新人力资本的潜力。该研究始于对创新劳动力供给的基本观察，即增加创新支出，保持创造性劳动力的供应不变，可能会导致劳动力价格上涨，而不是创造出更多的创新（古尔斯比，1998）。相比之下，扩大创造性劳动力的供给既能加速创新，又能降低创新成本。这表明人力资本政策可以发挥出关键性作用。

范·雷宁回顾了扩大输送人才渠道的诸多优势，研究了从幼儿园到高中的教育、大学教育和进入创新职业的重重阻碍。此处我们着重强调两个本章的关键性主题。第一个主题是，潜在人才库似乎远远大于创新劳动力的数量。例如，基于三年级数学考试成绩的人才库与一组攻读技术学位并正在申请专利的个体相比显得尤为庞大（贝尔等，2019a），而孩子所处的环境特征（包括家庭收入以及性别和种族）可强烈地预示着他们是否会申请专利（阿格依奥等，2017；阿克西吉特等，2017；贝尔等，2019a）。这些发现表明，国家劳动力库中拥有大量有才华的个体，包括那些来自代表性不足的群体，他们只是没有找到进入创造性职业的途径。

第二个主题是，具体的干预措施可能会帮助孩子们走上创造性的职业道路。首先，早期接触创造性职业——包括通过父母的关系网络和通过邻里关系接触当地的技术企业——可以很好地预测个人最终是否将会申请专利（贝尔等，2019a）。这些显露出来的因素似乎存在因果关系，这表明指导和其他形式的职业曝光不仅能够扩大创造性劳动力库，而且可能是一种相对强有力的方法（贝尔等，2019b）。学校层面的干预似乎也很有效果。通过利用周密的研究设计对进入天才或高级班学习的学生进行跟踪研究发现，在代表性不足的群体中，那些在数学和科学技能上显示出短期和长期优势的学生的大学入学率大幅上升（卡德和朱利亚诺，2016；Cohodes，2020）。最终，教育和职业曝光政策可能会吸引更多的人才加入创新劳动力大军，促进经济增长。由于创造性职业的报酬也相对较高，这些政策可能在提高了收入流动性的同时也减少了不平等。

从长远来看，以教育为导向的政策可以扩大创造性劳动力的供给。移民可以带来更直接的好处。第 3 章《移民政策对美国创新创业的杠杆作用》研究了移民在推动美国创新方面的作用，并探讨了可能通过移民渠道加速美国创新的各种政策改革。一个基本的观察结果是移民尤其具有创新性。尤其是，虽然移民约占美国人口的 14%，但他们却贡献了全美大约四分之一的专利和新企业，以及三分之一的诺贝尔奖得主。总的来说，移民是美国的科学、工程和创新人才的巨大来源。

第 3 章详细回顾了美国移民制度，并探讨了扩大创新劳动力的众多边际。有几项改革考虑扩大签证数量，包括 H-1B 签证和绿卡，并引入有针对性的签证，比如针对企业家的新签证形式。其他政策改革考虑在现有配额范围内重新分配。例如，绿卡制度可能放松其严格的国别限制，这对印度等提供大量创新劳动力的国家不利。与此相关，可以重新设计用于分配 H-1B 签证的抽签系统，将更多签证分配给稀缺的创新人才。尽管要改变总体移民率可能需要全面的移民改革，但一些可操作的政策想法可能会通过对当前做法进行看似微小的调整而获得巨大的收益。

一套重要的思想体系进一步将移民政策和美国教育体系联系起来。事实上，美国大学吸引了大量的外国学生进入其校园学习其课程，尤其是科学和技术学位，而从这一渠道输送人才的数量远远超过了毕业后可获得的 H-1B 和其他工作签证的人员数量。目前，可选实践培训签证允许学生毕业后在有限的时间内工作，但具有约束力的绿卡和 H-1B 签证配额最终会导致美国失去大部分可用的人才库。另外的可能性是，通过延长 H-1B 签证和绿卡配额的期限，将绿卡瞄准那些拥有科学技术学位的人群（将绿卡"钉"在他们的文凭上）并实施相关政策，以这种特别有针对性和相对直接的方式来扩充美国的创造性劳动力。

美国科学资助基金

美国的科学体系尤其严重依赖于公共支持。美国的国立卫生研究院、国家科学基金会、国防部和能源部等政府机构是基础研究的主要投资者。这种基础研究既在政府实验室进行，也在很大程度上通过给予政府以外的研究人员（特别是大学的研究人员）拨款资助来进行。总体而言，美国政府是美国基础研究的最大资助者（美国国家科学基金会，2020）。

第4章《科学资助基金》探讨了一些创新政策工具。作者将资助基金视为一种政策机制进行思考，回顾了科学资助机构的历史，并讨论了指导这类投资的关键原则。他们还讨论了不断改善科学资助机构效率和设计的机制。

科学资助基金的兴起在于其社会回报和不可预测的用途。阿祖莱和里结合最近的经验证据表明，基础研究的社会回报基本会很高。然而，基础研究的探索性意味着，失败是司空见惯的，最终能够应用的范围也是难以预测的，其回报主要出现在意想不到的溢出效应中。在前文例子中，将优步的市场创新与爱因斯坦的物理学以及黎曼的数学联系起来，来表明这些溢出效应是多么出乎意料。鉴于这种不可预测性，作者随后思考了各种类型的资助机制，比较了资助、奖金和专利的区别。作者还讨论了为什么在应用终端未知且回报主要来自溢出效应时，预先资助可能是有效的。

阿祖莱和里进一步调查了科学资助系统中的政策选择。基础研究的根本不确定性意味着对失败的容忍。第4章进一步提出了科学投资的投资组合方法。与其选择少数相对安全的途径，并将资助金挤进这些有限的渠道，不如将资助设计为广泛的独立研究途径，资助那些单独风险可能更高但可产生更高集体成功率的项目。阿祖莱和里应用这些设计原则来分析诸如美国国立卫生研究院（NIH）和美国国防部高级研究计划局（DARPA）这样的机构，并探讨了像阿尔茨海默病这样的应用领域。作者进一步分析了特定的资助分配机制（如同行评审设计）以及一旦给予资助后对资助管理政策的影响。

最后，作者讨论了实现持续改进科学资助系统的方法。他们提出了一个基本观点，即科学方法自身可用于分析科学资助。通过随机对照试验和自然实验，有很多机会来评估和改进资助设计，提高系统的有效性，增加科学基金提供的社会回报。作者认为，许多测量方法有助于使正规的、严格的评估变为切实可行且极具影响力的现实。

税收政策

当创新的社会回报超过私人收益时，一种政策路径为"庇古补贴"用以鼓励创新行为。这种补贴可以提高私人收益，使之与社会回报保持一致。实施这些政策的一种方法是通过专门针对创新投资和创新成果的税率调整。

第 5 章《创新税收政策》分析了发达经济体如何利用税法鼓励创新活动。她强调了这些直接创新激励的两种常见形式：一种是研发所得税抵免（在 42 个国家），其有助于抵消研发投资成本；另一种是所谓的知识产权（IP）盒（在 22 个国家），其降低了知识产权收入的税率。政策制定者在确定哪些活动可以享受这些税收激励方面面临着选择和挑战。霍尔探讨了补贴"投入"（如研发所得税抵免）与补贴"产出"（如知识产权盒）的政策之间的实际差异，并从概念上回顾了各种政策设计，列举了不同国家的例子。随后，该章还整合了这些税收工具有效性的经验证据。

大量的工作文件表明，私人研发部门对研发所得税抵免的变化反应强烈。这一发现在许多研究和许多不同的国家环境中是一致的。霍尔以商业为例进一步研究了美国所得税抵免的详细设计并阐释，所得税抵免的真实规模远远小于法定税率的呈现。在美国，初创企业获得的所得税抵免也比老牌企业要多得多。

最近一项规模较小的项目研究了知识产权盒的影响。这项研究表明，知识产权盒似乎会影响各国专利权的定位。与此同时，几乎没有证据表明这种政策路径增加了研发投资或创新产出。虽然还需要对知识产权盒进行更多的研究，但研发所得税抵免似乎是增加私人创新投资的更有效机制。

第 6 章《税收和创新：我们已知多少？》拓宽了税收分析，提出了一个在可以影响创新的税收政策上面增加的许多额外边际的框架。他们回顾了最近关于企业所得税和个人所得税间接作用的研究（与霍尔在第 5 章中所强调的直接的、以创新为重点的税收政策相反）。利用自 1920 年以来美国个人发明家及其相关专利和企业的数据，以及自 1975 年以来国际上的类似数据，阿克西吉特和斯坦切娃研究了所得税如何影响创新行为。他们的研究结果表明，州和国家所得税税率以及企业税率对发明家和企业选择在哪里落户以及他们实现了多少创新都有着重大的影响。与此同时，作者发现，地理上的集聚大大降低了税收政策的力量：在已经有大量创新活动的地区，创新对税收水平的敏感度降低。

阿克西吉特和斯坦切娃进一步讨论了美国商业活力的下降以

及税收政策可以发挥的作用。进入市场的新企业减少，以及现有企业主导地位的增强，可能表明了一个不健康的创新环境，特别是在新企业在激进创新中发挥着巨大作用的情况下更甚。企业活力的下降可能也是美国生产率增长明显放缓的一个原因。因此，对税收政策的一个关键观察是，税收政策是否在不经意间赋予了现有大型企业特权。阿克西吉特和斯坦切娃从税收的角度以及政治经济的角度讨论了这些重要问题，大型企业可能会因自身利益而影响规则的制定。

创业政策

最后一章探讨了旨在促进创业的公共政策。第 7 章《创业的政府激励》观察到，经济中的大量创新活动均来自初创企业，而不是来自大型企业内部，这些初创企业通常会得到风险资本投资者们的支持。认识到这一点后，世界各国政府都试图鼓励创业，但成败参半。勒纳列举了许多国家的例子，发人深省地概述了政府所面临的挑战。其中第一个挑战涉及企业选址。政策制定者通常会根据公平准则（如地域公平）来确定创新投资目标，这导致人们过去在创业不太成功的地域进行了大量的投资。这一现象的重要性在于可能会使新风险投资政策与强大的集聚经济产生矛盾，后者会使创新投资在本就经济繁荣的地区更加成功，而且研究表明，在存在大量私人风险投资活动的地区，公共投资的回报要高得多。第二个挑战涉及时机，值得注意的是在风险资本体系中普遍存在着繁荣－萧条模式。风险资本拨款的周期使政府推行政策的时机变得复杂，最终可能恰恰是在最不稳固的繁荣时期为新企业提供资金。勒纳还强调了人力资本方面的挑战，与专业的早期投资者相比，政府官员通常对所投资的技术和市场环境缺乏专业知识。

鉴于这些挑战，勒纳进一步探讨了政府如何提高其创业政策有效性的问题。本章着重介绍了两个设计原则和一些实例。第一个设计原则是独立性。这里的目标是将投资决策与政治压力隔离开来——遵循与中央银行类似的政策独立模式。第二个设计原则是私营部门的匹配。通过要求私营部门提供相应的资金，政府政策便可利用风险投资家的专业知识发挥其杠杆作用。从根本上说，这些原则有助于确保公共投资实现高预期回报。这些经验教训在地方、州和国家政府层面都被证明是有用的。

结论

创新在推动经济增长和社会经济繁荣方面发挥着核心作用。更高的生产率带来更高的人均收入（包括更高的工资），并使国家及其工作者在世界舞台上更加成功。科技进步可以带来更长寿和更健康的生活。创新对于克服从新冠病毒大流行到气候变化等具体和高风险挑战至关重要。

本书收集了有关创新政策的新证据和新观点。它探讨了公共投资于创新的理由，并回顾了政策可以推动创新活动的众多杠杆。书中各章节讨论了扩大创新劳动力人才库、鼓励科学突破、增加企业研发投资和加速创立新企业的种种机制。从研发所得税抵免到研究资助，再到移民制度，本书收集了最新的经验证据和一系列可行的想法。本书就是一个关于公共政策的丰盛菜单，能够加速科技进步，并可收获创新带来的回报。

第 1 章

创新的社会回报率计算

本杰明·琼斯和劳伦斯·萨默斯

在过去的两个世纪里，发达经济体人们的生活水平大幅提高，目前美国的人均收入是 1820 年的 25 倍（美国经济顾问委员会，2011）。科技进步的最终结果是提供有价值的新产品和新服务，这被认为是这些收益的关键驱动因素（莫基尔，1990；索洛，1956）。创新似乎也是改善人类健康和预期寿命的核心（卡尔特，2006）。然而，事实证明，衡量科技进步的社会回报率是困难的，其挑战在于创新过程中有许多固有的溢出边际效应，以及通常科研投资成果有不同的扩散方式（霍尔，迈雷斯和莫南，2010）。

本杰明·琼斯是戈登和卢拉·冈德家族的创业教授，美国西北大学的战略学教授，也是美国国家经济研究局的研究助理。

劳伦斯·萨默斯是哈佛大学名誉校长，哈佛肯尼迪学院查尔斯·艾略特大学教授，以及美国国家经济研究局副研究员。

本章主要包括三个部分。首先，本章介绍了一种计算创新的平均社会回报率的新方法，这种方法整合了创新投资所产生的多种类型的外溢效应。其次，本章讨论了社会回报率是如何随着潜在重要但不常涉及的创新特征而变化的，这些特征包括扩散延迟、资本具现（capital embodiment）、"干中学"、生产率误测、健康产出和国际溢出效应。有相关研究结果表明，创新投资的社会回报率是巨大的。如果一组窄范围的创新努力（如正式的研发）推动了生产率的大幅提高，那么这些投资的社会回报是巨大的；但如果一组宽范围的创新努力推动了生产率的提高，那么这些更广泛的创新活动的社会回报率似乎只是提高了一点而已。最后，鉴于如此高的社会回报率，本章的最后一部分讨论了增加创新的努力以加速生活水平提高和经济增长的前景。

现有文献强调，一个新想法的社会回报可能与原始创新者获得的私人收益有很大不同（格里利谢斯，1992；诺德豪斯，2004），私人收益和社会回报之间的差异来自创新过程中的各种外溢效应，积极的创新溢出效应可能包括用户的收益（特拉坦伯格，1989）、模仿者的收益（西格斯托姆，1991），以及新想法在未来促成更多创新的跨期收益（罗默，1990；斯科奇姆，1991；韦茨曼，1998）。我们可以看到如电力、计算机和人类基因组计划以及它们所激发的新产品、新企业和新行业等例子，与它们给整个社会带来的生产力的提高或健康回报相比，最初的创新者的私人收益可能微不足道。然而，虽然这些溢出效应表明创新的社会回报可能大大超过私人收益，但其他因素可能导致创新者过度投资于新想法。过度投资可能通过商业偷窃（阿吉翁和豪伊特，1998）、重复研究（迪克西特，1988）或跨期成本发生。后者是指今天的新想法可能会增加以后发现新想法的成本（琼斯，2009；科图姆，1997）。

鉴于这些溢出效应，研究人员长期以来一直对创新尤其是正式研发投资的社会回报率研究感兴趣。有关具体技术的案例研究（格里利谢斯，1958；曼斯菲尔德等人，1977；图克斯伯里，1980）统计了针对特定产品的研发投资，并检验了其所开发技术的收益。还有一些文献使用回归方法来检验企业和行业的研发投资如何在生产率的提高中得到回报（布卢姆，2013；霍尔，2010）。这些回归方法通过将某一企业或行业的生产率与其他企业或行业的研发活动相关联来研究溢出效应。同样，回归方法也被使用在国家层面，以研究总体生产率的提高如何与总体研发投资相关，包括来自其他国家研发的溢出效应（赫尔普曼，1995）。最后，宏观经济增长模型根据数据进行了校准，研发的社会回报校准在关于函数形式及其参数值的各种假设下对回报进行了校准（琼斯和威廉姆斯，1998）。这些不同的方法通常会得出大致相似的结论：研发的社会回报是巨大的。

同时，上述每种研究方式都存在着实际应用上的困难。特定技术的案例研究存在一个问题，即研究结果是否可以推广到其他技术。如果案例研究倾向于"挑选赢家"，那么这种担忧就会更加严重，因为这将导致对典型研发回报率的夸大。回归方法经常面临因果关系解释的挑战。此外，回归方法必须划定外溢效应的范围，远距离的外溢效应或跨期的外溢效应在很大程度上被忽略了。例如，这些方法没有纳入基础研究的作用，以及基础研究对开辟新的商业应用途径可能产生的广泛但通常延迟的影响（艾哈迈德普尔和琼斯，2017）。然而，正是那些具有广泛影响的创新——电力、计算机、遗传学研究、机器学习——对社会理解创新投资的回报率特别重要。

面对这些挑战，本章介绍了一种新的补充方法。我们以创新与增长的文献的核心特征为基础，提出了计算创新投资的社会回报率的新方法。我们的新方法强调了考察 GDP 路径的优势，其作用是汇总并且扣除创新过程中涉及的复杂的外溢效应。该方法提供了一个看似相当普遍的估计社会平均回报率的方式。此外，该方法的简单性使我们能够考察来自其他潜在的关键特征的影响。在对研发的社会回报率的研究中，这些特征的负面影响通常没有得到解决。这些特征包括具现型与非具现型技术进步、扩散率、"干中学"、生产率的误测、健康效益、跨国溢出效应以及评估社会回报的其他维度。

我们的方法直观易懂。基于罗伯特 – 索洛研究的现代增长理论，我们可以看到在合理广泛的条件下，人均国内生产总值的增长率将等同于全要素生产率的增长率（索洛，1956）。在生产率不增长的情况下，人均收入将保持不变。在发达经济体中，对新思想的投资被认为是生产率长期增长的来源，这也是现代内生增长理论的基础（阿洪和豪伊特，1992；罗默，1990）。

在这一方法中，创新投资的平均回报率是通过创新投资的总成本与其产生的总产出增加的关系确定的。直观地说，通过观察 GDP 路径中的净增值收益，我们可以扣除溢出边际。通过观察总的创新投资，我们可以将研究的成功和失败都包括在内。一个简单的社会回报率可以这样计算，假设人均收入为 y，人均创新投资为 x，贴现率为 r。如果一年的创新投资创造了 $g\%$ 的生产率增长，那么收益与成本的比值为：

$$\rho = \frac{g / r}{x / y}$$

与内生增长理论的关键思想一样，我们都是通过今天对创新的 GDP 份额 x/y 的投资，永久性地将经济中的生产率提高 $g\%$，其现值为 g/r。值得注意的是，这种方法表明，创新的平均社会回报可能是巨大的。例如，如果我们以研发投资为导向，美国的研发投入约占 GDP（x/y）的 2.7%，我们让这些投资推动生产率的增长，那么我们就会得到生产率约为 1.8%。[①] 标准贴现率意味着，以当前美元价计算，1 美元的研发投资平均创造了超过 10 美元的经济效益。[②] 这个回报率是非常大，但它遵循发达经济体所理解的增长基本机制。也就是说，根据上述逻辑，从一个看似很小的创新投资获得的生活水平的永久性提高，往往意味着巨大的回报率。

在确立了"仅研发"的分析基线之后，本章将研究它可能过高的几个原因。第一，我们考虑扩散的作用，在这种情况下，从研发中获得的收益回报率可能是较慢回报率，延迟了所取得的利益，从而降低了其现值。第二，我们考虑了资本深化在解释部分生产率收益方面的作用，与此相关，我们考虑了资本具现的技术

---

① 我们将在本章中考虑资本深化的作用和对这一简单计算的许多其他扩展。

② 另一种社会回报计算方法是内部回报率，它是收益和成本相同时的贴现率。在上面的简单计算中，这个回报率是 $r^*=g/(x/y)$，使用相同的 g 和 x/y 的值，我们得出 $r^*=67\%$。

变革的作用，即研发投资的价值可能只有通过对新型固定资产的投资才能实现。第三，我们考虑了这样一种可能性，即生产率的增长是在没有正式研发的情况下发生的，是由于其他类型的活动，如创业或"干中学"。在每一种情况下，我们都对调整后的回报率进行校准。所有这些分析都会降低对创新投资的估计社会回报率，但我们也将论证：在合理的假设下，回报率似乎仍然很高。

然后，本章研究了在上述计算方法下社会回报率（已经很高）的估计可能过低的几个原因。第一，我们首先考虑通货膨胀偏差的作用，其导致实际 GDP 增长低估了产品改进和新产品引进带来的收益。第二，我们考虑解决人们的健康问题，这是研发投资的一个主要目标，并可能会带来巨大的社会回报，但标准的人均 GDP 衡量中没有对死亡率和发病率进行考量。第三，我们考虑国际扩散，也就是世界上的经济体也可能从前沿经济体的创新投资中受益。

最后，本章考虑了创新投资的平均社会回报率和边际社会回报率之间的区别。我们的计算都是明确关于平均回报率的，这就避免了假设非常具体的生产函数。然而，政策制定者可能对边际投资回报率更感兴趣，这是很自然的事情。也就是说，政策的选择将取决于进一步增加创新投资水平是否会获得平均回报率计算所显示的相同的回报率。因此，我们考虑如何将边际收益和平均收益联系起来，从而具体估计边际收益。

本章的其余部分安排如下：第 1.1 节将介绍我们的方法和平

均社会回报率的基线计算方法；在第 1.2 节，我们将探讨这些基线计算可能过高的原因，然后再讨论基线计算可能过低的原因；在第 1.3 节中，我们将对平均和边际社会回报率之间的区别进行研究，并讨论增加创新投资以快速推进社会经济繁荣发展；第 1.4 节则是总结。[①]

1.1 研发的平均社会回报率：一个基线

在本节中，我们将介绍创新投资的平均社会回报率的基线计算方法。这种方法旨在实现三件事：第一，它可以整合创新所固有的许多溢出效应；第二，它厘清了创新的社会回报率显得很高的基本逻辑；第三，它为讨论和阐明一系列影响社会回报率的附加和潜在的一些问题奠定了基础，我们也将在第 1.3 节讨论这些问题。

1.1.1 创新的社会回报率

创新的社会回报率取决于创新的成本和其产生的效益。在各种分析中，社会回报率往往看起来很高[②]，这说明了一个事实，

---

① 三个附录提供了进一步的背景和结果：附录 A 详细介绍了创新过程中出现的多种类型的外溢效应，并提供了每种类型的例子。附录 B 回顾了现有的实证文献，这些文献致力于处理这些溢出效应并估计社会回报率。附录 C 提供了本章中正式结果的证明。

② 请参见附录 B 进行回顾。

即往往当成本看起来很低时，收益看起来却很可观和持久。特别是，一个新的想法、方法、设计等，都能以一些前期成本（即支付一次）创造出来，但随后或多或少会永远提高生产率。例如，17 世纪发明的微积分一直沿用至今，是数学的永久性进步。

更为普遍的是，即使一项创新变得过时，也就是说，早期的创新被更好的创新所取代，生产率的提高也将持续下去。例如，一项软件创新使工人的生产率提高了 p_1%。如果这是有史以来的最后一项创新，它将永远提供这 p_1% 的收益，但是，我们假设另一个软件创新出现了，它取代了原来的软件，并将工人的生产率又提高了 p_2%。我们可以用两种方式来考虑这一系列的创新。首先，我们可以把原来的创新看作产生了 p_1% 的永久性收益，而第二个创新则是在某种进一步的创新成本下，产生了 p_2% 的额外收益。从这个逻辑来看，原始创新的收益仍然存在。其次，我们可以考虑两种创新的平均收益。这里我们把创新成本和总生产率收益加起来（也就是说，不试图解析单独的贡献），此时则是创新投资组合有了一种永久效果。

这种思想实验的背后是"案例研究"方法。由于创新以复杂的方式相互作用，而且许多小的创新可能共同提高某一特定产品线的生产率，因此很难分离出每项创新的边际回报率。因此，案例研究法通常将许多与创新相关的创新成本和收益汇集在一起，并计算出更广泛的技术进步的平均社会回报率，而不是每个微观创新的边际回报率（格里利谢斯，1958）。

案例研究的局限性在于其代表性，它们不太可能描述一般的创新投资回报率。尤其关于失败的案例研究是罕见的，尽管创新中的失败是普遍的（阿罗，1962；克尔，南达和罗德克罗普夫，2014）。如果忽略了失败，案例研究可能会夸大研发的一般社会回报率。然而，案例研究方法的优势仍然可以通过扩大研究的范围来体现出来，而不是受这一限制。如果我们把这种方法应用于整个经济，就会出现这种情况，通过对所有创新投资的汇总，我们不仅可以纳入成功的投资，还可以纳入失败投资的"干井"。总的创新成本也包括了潜在的创新努力的重复浪费。在收益方面，总的生产率收益的路径避免了企业和行业之间的模仿和商业偷窃的溢出效应。① 生产率增长的长期路径也说明了跨时期溢出效应和基础研究的好处。

1.1.2 创新的平均社会回报率

为了正式地展开阐述这个观点，我们探讨两个思想实验。这两个实验都提供了创新的社会回报率的基线图（我们将在下面进一步扩展）。在第一个思想实验中，我们永远"关闭"所有的创新投资，并考虑其成本和收益（图1.1）。在创新投资方面，我们从观察到的创新投资水平转移到没有创新投资水平［图1.1（a）］。在产出方面，如果生产率的进步停止了，没有进一步的创新，那

---

① 也就是说，该路径包括"创造性破坏"，即一项新的创新使先前的创新过时。增值产出的净收益包含了这种效应。

么我们就从观察到的增长水平转到没有进一步增长的状态 [图 1.1 (b)]。因此，人均收入保持不变 [图 1.1 (c)]。这种替代性的无增长状态也是现代内生增长理论的结果（阿洪和豪伊特，1992；罗默，1990），但请注意，这里的关键假设比特定的内生增长模型更为普遍。[①]

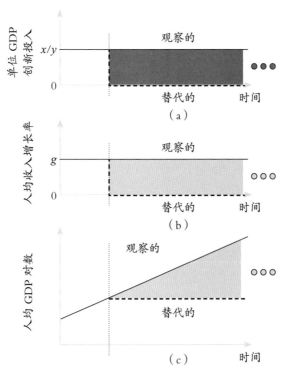

图 1-1　整体经济对创新投资回报率的概念模型

---

① 也就是说，如果资本的回报递减，那么没有生产率的增长就意味着人均收入没有增长。

　　然后，观察到的创新投资水平的平均社会回报率直接随之而来。创新的成本是创新投资的当前折现值，也就是图 1.1（a）中矩形的现值。创新的收益是人均收益增加贴现现值，也就是图 1.1（c）中三角形的现值。通过效益与成本的比值就得到了社会成本效益比。

　　如附录 C 所示，社会成本效益比是非常简单和直观的，它是

$$\rho = \frac{g/r}{x/y} \tag{1}$$

　　分母中的成本是创新投资支出（x）与国内生产总值（y）的比值。分子中的收益，是按折现率（r）折算现在的增长率（g）。我们消除了这个表达式中的时间，以强调随着时间的推移，创新投资支出占 GDP 的比例和收入增长率是大致恒定的。

　　尽管这个表达式是在创新支出的整个时间路径和生产率收益的整个时间路径上得出的，但它给出了一种基于创新收益的直观性的解释。也就是说，我们可以把成本效益比看作一年的创新（x/y）产生的净产出收益流高出 g 个百分点的成本。这个永久性产出收益的现值是 g/r。

　　作为一个替代性的思想实验，请看图 1-2。我们想象一下，我们只关闭一年的创新投资［图 1-2（a）］而不是永远关闭［图 1-1（a）］。由于这一年我们没有创新，我们发现这一年的生产率增长没有增加［图 1-2（b）和 1-2（c）］。然而，在这一年的年底，我们又开始创新，尤其我们进行的创新项目与观察到的路径完全相同。因此我们可以很清晰地得到，经济在完全相同的创新下会

产出完全相同的生产率水平，只是现在的创新成本发生了一年的延迟，经济在一年后到达了每个生产率水平。

在这个替代性的思想实验中，观察路径上的创新成本与替代路径上的创新成本的现值是一年的创新成本，或为 x/y。效益在未来的每一个时期都会提高 g%，其现值为 g/r。这些是图 1-2（a）（成本）和 1-2（c）（收益）中阴影部分的现值。那么，社会效益与成本的比又与式（1）完全相同。

最后，另一种计算方法是衡量成本和收益相等时的贴现率

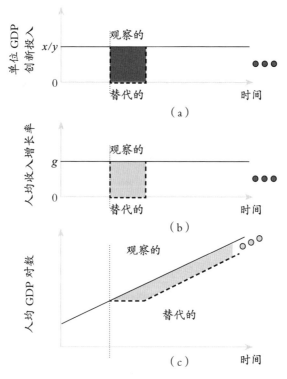

图 1-2　整体经济对创新投资回报率的替代概念模型

（即 $\rho = 1$）。那么这个内部回报率应为

$$r^* = \frac{gy}{x} \qquad （2）$$

这提供了社会内部回报率作为社会效益成本比的替代指标。

1.1.3　平均社会回报率：一个"仅研发"的基线

通过表达式（1），我们现在可以计算出创新投资的平均社会回报率基线。以美国经济为例，我们有 $g=1.8\%$ 作为平均长期增长率。用公共和私人研发投资总额来计算创新投资（x），x/y 的长期平均值约为 2.7%。[①]

以 5% 的贴现率计算，我们可以得到

$$\rho = \frac{0.018}{0270.05 \times 0.027} = 13.3$$

这就是说，当下 1 美元的研发投资，以现在的美元计算，平均产生 13.3 美元的收益。换言之，基线计算结果表明，研发的社会回报率是巨大的。

这里有一个开放性问题是选择什么样的贴现率。贴现率越低，创新收益就越高。政府使用的社会贴现率从 3.5%（英国）到 7%（美国）不等。一些人认为，社会贴现率应该更低，几十年来，实际均衡利率一直呈下降趋势（蒍切尔和萨默斯，2019）。过去 10 年，美国 30 年期通胀保值政府债券平均贴现率为 1%。使用如

---

① 美国的研发支出是基于国家科学基金会的多次调查，包括由至少有 5 名雇员的私营企业、联邦和州政府、大学和非营利组织进行和资助的研发。

此低的贴现率将进一步放大社会回报率，但即使是高贴现率也能表明社会回报率非常大（表1–1）。

表1–1 按社会贴现率划分的平均社会回报率

社会折现率（r）	平均社会效益与成本比
1%	66.7
2%	33.3
3.5%	19.0
5%	13.3
7%	9.5
10%	6.7
67%	1

作为另一种计算方法，关注内部回报率（2），并再次假设$g=0.018$，$x/y=0.027$，我们有$r^*=67\%$。按照这个标准，社会回报率也是非常高的。例如，如果一个私人公民能够获得年回报率为67%的投资，那么这个人很快就会变得非常富有。当然，作为一种社会回报率，这种回报率是个人投资者无法获得的，但它可能是整个社会可以获得的。问题是社会是否可以并且如何进行进一步投资来获得这种高回报率（详见1.5节）。

总体来说，这种基于研发支出的简单基线计算方法表明，创新的平均社会回报率是非常高的。这一结果是对失败和成功的研发项目的汇总。它还包含了研发中涉及的多种溢出效应，包括跨期溢出效应。在量级上，在第1.2节中进行的调查结果加强了先前文献中的发现结果，并处于现有估计的上限。我们现在可以从多个方面调整这个基线计算方法，以评估它是否过大或过小，这是本章的剩余部分的主题。

1.2　扩展基线

作为以下内容的总体框架，考虑对社会回报率计算进行以下调整。

$$\rho = \beta \frac{g/r}{x/y} \tag{3}$$

其中，新项 β 提供了对社会回报率的向上或向下的调整。在本节中，我们首先考虑使 β 小于 1 的因素，因此表 1.1 中的基线计算结果就太高了。然后我们将考虑使 β 大于 1 的因素，这样基线计算结果又过低了。

1.2.1　基线社会回报率可能过高的原因

1.2.1.1　滞后

上述基线假设研发投资的回报是立即发生的。然而，在获得研发投资的成果方面可能会有实质性的延迟。在其他条件相同的情况下，延迟到效益实现的时间越长，回报就越低。

处理潜在延迟的一个简单方法是假设今天承担的研发投资从未来 D 年开始永久性地提高生产率，这就导致了对收益流现值的直接修正。计算方法和以前一样，但我们现在必须纳入一个贴现

因子，其中 [1]

$$\beta = e^{-\hat{r}D} \tag{4}$$

为了进行明确的调整，我们可以考虑各种微观证据。对于企业来说，文献表明研发投资和产品推出之间的延迟相对较短。曼斯菲尔德等人（1971）发现平均延迟时间为 3 年。雷温斯克雷夫和谢勒（1982）在一项调查中发现，45% 的公司报告有 1~2 年的延迟，40% 的公司报告有 2~5 年的延迟，只有 5% 的公司报告有超过 5 年的延迟。佩克斯和香克曼（1984）认为研发投资和首次创收之间有 1.5~2.5 年的延迟。对于包含在标准普尔数据库中的公司，主要是成熟行业中的成熟公司，阿尔亨特等人（2020）估计研发和产品推出之间有 1 年的延迟。

然而，产品的首次引入并不是市场上使用的高峰期。莱纳德（1971）通过对 19 个制造业的研究发现，增长从研发投资后的第 2 年一直持续到第 9 年。在成熟的消费部门，对市场高峰的延迟可能更短。例如，阿尔亨特等人（2020）发现，上市公司的新消费产品通常在推出 1 年后达到销售高峰。总而言之，对研发、产品引进和产品销售的研究表明，前期成本和市场回报率高峰之间有着较为紧密的联系，总共延迟 3~6 年是较为合理的，而延迟 10 年则是非常保守的。

对于基础研究来说，延迟的时间自然更长。亚当斯（1990）

---

① 估计的折现率是 $\hat{r} = r - g$，这既解释了未来收入的贴现率 r，也解释了收入增长率 g，后者扩大了今天的创新最终将被感受到的收入。

使用回归分析提出，学术研究和相关行业的生产率增长之间有 20 年的滞后期。我们也可以将具体的专利与每个专利所引用的基础科学研究联系起来（艾哈迈德普尔和琼斯，2017）。对美国专利的研究表明，从专利申请到其直接先驱科学出版，平均延迟 6 年。在某种程度上，基础研究的回报是间接的，就基础研究的间接回报而言（即基础研究导致进一步的研究，最终成为发明而投入市场），对引文网络分析表明，即使是遥远的基础研究投资也会在 20 年内开始得到回报。

表 1–2 使用一系列延迟重新考虑了的基线社会回报率计算。[1] 综合不同类型的研究，中等的延迟估计可能是 6.5 年，保守估计是 10 年，[2] 极其保守的估计是 20 年。无论使用这些延迟中的任何一种，研发的平均社会回报率都仍显得非常大。即使采取非常保守的 20 年平均延迟来计算，也远远超出了微观证据所显示的范围，人们仍然会发现每花 1 美元的研发费用就有 4.9 美元的现值

---

[1]　在这些社会效益成本率的计算中，我们假定 $\hat{r}$=5%。在增长率 g 为 1.8% 的情况下，这个 $\hat{r}$ 值假定了 r=6.8% 的高贴现率。如果适当的社会贴现率低于这个贴现率，表 1–2 中的社会效益成本率是保守的。

[2]　美国国家科学基金会（2020 年）报告，最近美国研发支出的 63% 是产品研发（即以开发或改进具体产品或工艺为目标的研发），20% 的支出是应用研究（即有具体实际目的或目标的研究），其余 17% 的支出是基础研究（即没有任何具体应用的考虑）。以产品研发延迟 3 年、应用研发延迟 6 年、基础研发延迟 20 年的主流估计，平均延迟（在每类支出中加权）将是 6.5 年。保守估计，开发研发延迟 5 年，应用研发延迟 10 年，基础研发延迟 30 年，平均延迟将是 10 年。

收益。[①] 随着延迟时间的延长，社会内部回报率从 r^*=67% 的基线值相对大幅下降，因为高的内部回报率会严重折损未来的收益。在延迟 20 年的情况下，社会内部回报率下降到 11%。

表 1-2　不同收益滞后的平均社会回报率

延迟年数（D）	校正因子（β）	平均社会效益成本比（ρ）	平均社会回报率（r^*）
0	1	13.3	67%
3	0.86	11.5	29%
5	0.78	10.4	23%
6.5	0.72	9.6	20%
10	0.61	8.1	16%
20	0.37	4.9	11%

1.2.1.2 合并资本投资

基线方法假设增长依赖于创新投资。这种方法来自标准的新古典主义思想，即总要素生产率的提高是实现稳态正增长的必要条件。因此，人们可能将增长的好处归功于研发。然而，这种方法忽略了潜在的重要特征，包括资本投资的贡献。在这里，我们将把资本投资明确地引入观察到的和反事实的增长情景中。

人们可以从两种不同的角度来看待生产率增长的资本投资

---

① 这种延迟调整的一个更复杂的版本并不只考虑单一延迟，而是使用微观文献中延迟的全部分布。然而，在实践中，更复杂的方法也会得出类似的结论。

部分——或称"资本深化"。一种观点认为，技术进步与资本投入是"脱节"的。而另一种观点认为，新技术必须体现在新的资本投入中，这将带来额外的成本。人们对体现型技术进步与非体现型技术进步的作用长期以来一直争论不休（丹尼森，1962；乔根森，1966；乔根森和格里利谢斯，1967；索洛，1960），但都在共同的概念观点下，即生产率的增长必须来自某处，并位于某处。这里我们依次考虑非具现型和具现型的观点。

非具现型的生产率增长。从非具现型视角，创新带来的生产率增长是独立于资本投资的。我们可以把人均收入的增长解析为两个特点。首先是在保持资本固定的情况下创新带来的直接（非具现的）收益；其次是这些生产率收益进一步引发的资本深化。

在标准的新古典主义增长理论中，生产是符合柯布－道格拉斯函数的，人均收入的增长是

$$g_y = \alpha g_k + (1-\alpha) g_A \tag{5}$$

其中 g_y 是人均收入的增长，g_k 是人均资本的增长（资本深化），g_A 代表技术进步。术语 α 是收入中的资本份额，通常约为三分之一。因此，如果技术进步来自创新投资，并且这些收益是脱离资本投资的，那么我们就有一个对基线的直接修正。也就是说：

$$\beta = 1 - \alpha \approx \frac{2}{3}$$

那么，修改表 1-1 中的估计值就是一个简单的问题了，只需将社会效益和成本的比乘以三分之二即可。经此修正后，创新投资的回报率仍显得非常大。因为表 1-2 进一步说明了潜在的延迟，

所以如果对表 1-2 进行修正，情况也会如此。

资本具现型生产率增长。另外，我们可以认为，创新投资的经济收益在很大程度上是通过这些想法在新形式资本中的体现来实现的。例如，微处理器的创新只有在它被应用于微处理器本身时才是有用的。对于体现在资本设备和结构中的无数种形式的创新可能也是如此。如果是这样，那么新想法（以及生活水平的提高）带来的好处既需要研发支出，也需要投资于建立新的或改进的资本。

简而言之，成本不仅仅包含研发成本。我们不能再把创新和资本深化的部分完全分开，这里的自然矫正是把这两种投资都包括在内。增加的部分是资本深化的成本。我们可以从经验上着手，也可以考虑这些额外成本的理论界限。

从经验上看，自 1960 年以来，美国私人部门的年度净国内投资平均占 GDP 的 4.0%。这种净投资整合了资本深化，但不包括研发支出。如果将这些成本视为实现研发收益的必要条件，那么创新投资的总成本将被视为研发投资（2.7%）和国内净投资（4.0%）的总和，即 GDP 的 6.7%。因此，我们可以根据经验得到：

因此，这种"具现的"资本深化版本比"非具现的"创新计算更能降低研发的社会回报率。尽管如此，考虑到表 1-1 中提出的基线社会回报率，这种修正仍然意味着极高的社会回报率（表 1-3）。①

---

① 对于资本深化的部分，滞后的问题在很大程度上是不重要的。在具现式创新的角度下，资本投资的成本发生在非常接近这些具现式创新在经济中的使用时间。因此，表 1-2 中的滞后修正并不适用于这种具现创新视角下的大部分创新成本。

表 1-3　有资本成本的平均社会回报率

实现生产率提高的资本成本	校正因子（β）	平均社会效益和成本比（ρ）	平均社会回报率（r^*）
—	非体现技术变革		
	0.66	8.9	44%
	资本具现的技术变革		
国内净私人投资	0.40	5.3	27%
全资本深化	0.30	4.0	20%

$$\beta = \frac{2.7}{6.7} \approx 0.40$$

上述计算可以在几个方向上进一步调整。第一，净投资成本不仅仅与资本深化有关，它们还包括在人口不断增长的情况下扩大资本存量的投资成本。自 1960 年以来，美国人口每年平均增长 1.0%，美国劳动力每年增长 1.5%。这使得上述调整变得保守——倾向于低估社会回报率。第二，资本深化可能发生在美国国内企业的净投资数据之外，比如通过投资基础设施或其他公共投资。虽然私人资本设备投资可能特别重要，但如果其他投资成本没有计算在内，那么上述调整将不那么保守。

我们可以归纳如下。沿着经济的均衡增长路径，投资的深化部分相当于人均收入的增长率乘以资本产出比。就是说

$$\frac{i_{deep}}{y} = \frac{k}{y}g \qquad (6)$$

其中 i_{deep} 是增加每个工人资本的投资成本，其他术语的定义同

上。自1960年以来，美国资本存量与美国GDP的比的平均值为3.5。因此，资本深化成本大约为3.5。这表明，资本深化的总成本将是$3.5 \times 1.8\%$，即占GDP的6.3%。这一修正大于从私营企业中抽取的4.0%的净国内投资成本。再加上用于研发的2.7%的GDP，创新的总成本（想法的创造和实施）上升到GDP的9.0%。这表明$\beta \approx 0.3$。

表1-3总结了这些结果。结论表明，对资本深化的核算将降低创新的社会回报率，而具现式技术变革比非具现式技术变革更能降低这些回报率。尽管如此，主要的结论表明，创新的社会回报率仍然非常高。

最后请注意，纳入资本投资并不会减少社会收益。相反，它的作用是将收益分散到研发以外更广泛的投资中。因此，资本深化的社会回报率似乎比资本投资的私人回报率要高得多。在某种程度上，具现是重要的，研发投资和资本投资共同收获巨大的社会回报。从政策的角度来看，支持研发和资本深化的结合对于实现创新投资的高社会回报率非常重要。

1.2.1.3 其他创新成本

上述分析将经济中的生产率增长与研发投资和资本投资联系起来。在某种程度上，如果创新来自其他类型的投资，人们就会低估真正的创新成本，从而夸大社会回报率。接下来我们将探讨这些可能性。

一个潜在的创新的重要来源是创业者的努力。这些企业大多不是成长型的，而是代表个体经营或永久的小企业，如单一经营的餐馆、美甲沙龙等。然而，一小部分新企业专注于创造变革性创新（阿祖雷等人，2020；古兹曼和斯特恩，2017）。虽然小企业正式报告的研发规模不大，但增长型创新企业的更加广泛的活动也可被视为额外的创新成本。[①] 考虑到这些创新创业公司的实际调整可以包括总风险资本投资作为额外的创新成本。自1995 年以来，美国的年度风险资本投资总额高达 1 300 亿美元（2018），但也常常低于 300 亿美元。平均而言，1995 年以来的风险资本投资总额不到 GDP 的 0.3%。因此，将所有风险资本投资加起来，创新投资的成本将从 GDP 的 2.7% 提高到 3.0%，即 $\beta=0.9$。这一调整对社会回报率的影响不大。

　　估算其他创新成本的额外进展来自商业调查。欧盟统计局的社区创新调查要求企业将其研发成本与其他的创新成本相比较。在 2016 年的调查中，获得了 28 个国家的这些数据（欧盟统计局，2019）。把这些国家作为一个整体来看，企业报告显示，研发支出占总创新成本的 55%。非研发创新成本主要是对固定资产的投资，包括设备、机器和软件。这些成本与创新的采用和传播有关（布劳沃和克莱因克内希特，1997；伊万杰莉丝塔等，2010），因此可以被视为 1.4.2 节中资本具现型生产率收益分析的组成部分。

---

① 历史上，美国的研发支出指标明确不包括雇员少于 5 人的企业的创新活动。然而，从 2016 年开始，美国国家科学基金会的国家科学和工程统计中心开始收集具有全国代表性的 1 至 4 名雇员的企业样本的数据。根据该样本即商业研发与创新调查 – 微型企业（BRDI–M），估计这些企业在 2016 年的研发支出为 48 亿美元，与美国的总研发支出相比，这是一个非常小的支出。

因此，可以用 $\beta=0.55$ 来考虑这些"其他成本"，或者可以使用更广泛的 β 修正，该修正已经概括了广泛形式的相关资本投资成本，如表 1–3 所示。[①]

1.2.1.4 "干中学"和偶然创新

对上述估算的另一个挑战来自收益方面。在生产率增长来自其他来源的情况下，将生产率增长分配给明确的研发投资、新的风险投资和资本投资会夸大这些投资的社会回报率。如果新的想法或想法的闪光点来自上述过程之外，会发生什么？创新的想法可能来自人们在日常劳动活动过程中的偶然灵感，而不是来自集中的投资支出。"干中学"通常被视作生产率的提高，它来自生产过程中积累的经验和技能（阿罗，1961；贝森，2015）。这种进步可以被看作是生产率提高的本质上的"免费"来源。

为了将这种可能性与创新的社会回报率联系起来，需要从三个角度考虑。第一，在实践中学习的典型例子，如机身制造（赖特，1936）表明，这些生产力带来的收益可能很大。然而，这些收益通常取决于并发生在引入一种新的商品或生产工艺之后。在

---

① 另一个成本层面可能是人力资本投资。也就是说，如果与研发目的最相关的边际投资是某些形式的毕业生培训，那么这在国内生产总值中的比重就非常小。此外，正式的研发成本（包括在上述所有的社会回报估计中）包括了研发人员的工资，因此包括了这种人力资本的年度成本。另一个更开放的维度是以技能为导向的技术变革，它可以被认为是与物质资本深化类似的"人力资本深化"。在这里，更多想法在人们身上的体现（通过更长的教育）可以被视为创新的额外成本。这种人力资本的考虑是一个潜在有趣的丰富的维度，可以做进一步分析。

这个意义上，"干中学"是一种自由的创新过程，它是在必要的前期成本之后发生的，例如对机身设计的研发投资或对生产机器和设施的资本投资。从这个角度看，"干中学"类似于第 1.2.1 节中的滞后调整，因此，我们可以通过允许前期创新投资成本的收益滞后来纳入"干中学"。

第二，可能会有一些人出现"免费的想法"，包括那些没有参与任何研发或投资过程的个人。具体来说，一个人在开车上班或在从事某些工作过程中，可能冒出一个关于新的喷气发动机设计、计算机应用、网络服务或医疗设备等方面的想法。产品用户也可能是新概念的重要来源之一（冯希普尔，1976）。然而，就最初的想法似乎是免费的（即在一个标准的投资过程之外）而言，一个新的计算机应用、医疗设备等的实施，大概会产生进一步的开发成本或固定资产投资。如果是这样的话，那么采用第1.3.2 节中所介绍的广泛的投资衡量标准，应该仍然能够反映出实现生产率提高的总成本。

第三，可能有一些不需要投资就能实现的自由想法。回到"干中学"的文献中，所谓的霍恩达尔效应提供了一个例子，即在瑞典的一家铁厂中，似乎没有任何正式的投资就出现了生产率的提高（伦德伯格，1961）。如果这种收益实际上是无投资的，并且对生产率增长有很大部分的贡献，那么上述计算的创新投资的平均回报率就会相应地降低。一般来说，很难评估这种可能性。然而，读者可以以一种直接的方式调整社会回报率，就是通过选择 β 作为实际投资的生产率增长的份额。以表 1-3 中列出的广泛回报率为例，我们可以假设一半的生产率增长是在不依赖任何研发投资、任何新风险投资或任何资本投资的情况下实现的，而这些被衡量的创新投资的平均社会回报率仍然很高。

1.2.1.5 总结

总体来说，我们考虑了几个独立的原因，即基线社会回报率的计算可能过高。单独分析每个修正，创新投资的社会回报率往往仍然很高。同时分析几个潜在的修正，仍然很难找到社会回报率不高的结果。最重要的修正似乎是我们如何对待资本投资，特别是如果研发的结果必须体现在资本设备中。如果将前期投资和随后的生产率提高之间的长期延迟考虑在内，再加上"干中学"，社会收益仍然远超过成本。正如我们接下来要讨论的，也有一些力量在另一个方向推动，表明基线计算可能性太低。

1.2.2　基线计算可能性过低的原因

1.2.2.1 生产率增长测量错误

计算实际 GDP 的路径是具有挑战性的。经济学家早就认识到了通货膨胀统计中的各种问题，包括替代物偏差、产品改进和新商品的引入——这些都会破坏通货膨胀指数的准确性。至少从施蒂格勒委员会（施蒂格勒等，1961）开始，经济学界的共识是，消费者和生产者价格的通货膨胀被夸大了，因此实际 GDP 的增长被低估了。博斯金委员会发现，消费者价格指数每年夸大了 1.10%的通货膨胀率，"合理的范围"是每年 0.80% 到 1.60%（博斯金等人，1996）。发现的最重要的偏差来源（0.60%）是因为新商品的引进和现有商品的质量变化，即创新本身，因此创新的好处在具体方面被低估了。博斯金委员会的发现和建议导致了价格测量方法的变化，扣除这些变化后，通货膨胀偏差后来被高估为每年约0.65%（戈登，1999），尽管质量进步和新商品问题仍然特别具有挑战性。现在，计算、互联网和相关数字服务的不断进步使许多经济学家认为，今天的通货膨胀偏差可能会更严重（布莱恩杰尔夫森，科利斯和埃格斯，2019；古尔斯比和克列诺，2018）。

将这些偏差应用于国内生产总值将大幅提高经济增长率。创新的基本社会回报率也将随之增加。该修正为

$$\beta = 1 + \frac{inflationbias}{g} \tag{7}$$

表 1-4 考虑了在关于通货膨胀偏差的各种假设下对基线社会回报率的修正。以博斯金委员会的中心估计（1.10%），这可能是历史上的正确数字，我们看到 $\beta=1.6$。即使采用戈登对通货膨胀偏差更温和的估计（0.65%），社会回报率也提高了 1/3 以上。

表 1-4 通货膨胀偏差后的平均社会回报率校正

年通货膨胀偏差（%）	校正因子（β）	平均社会效益成本比（ρ）	平均社会回报率（r^*）
0.00	1	13.3	67%
0.40	1.22	16.3	81%
0.65	1.36	18.1	91%
0.80	1.44	19.3	96%
1.10	1.61	21.5	107%

续表

年通货膨胀偏差（%）	校正因子（β）	平均社会效益成本比（ρ）	平均社会回报率（r^*）
1.60	1.89	25.2	126%

1.2.2.2 健康成果

研发以及相关的资本投资的很大一部分都与改善健康和寿命有关。虽然健康可能影响生产率，但健康创新的一个共同目标是延长寿命。美国人的平均预期寿命已经显著增加，从 1900 年的 47.3 岁到 1960 年的 69.7 岁，再到 2018 年的 78.5 岁，而且在降低婴儿死亡率方面也取得了巨大进展。[①] 在促成这些健康改善的因素中，创新发挥了重要作用，包括疫苗、抗生素、心血管治疗、诊断和成像技术、手术方法和肿瘤学产品的出现和进步。

从社会回报的角度来看，人们可以尝试将健康收益的某些部分纳入创新的总收益中。或者，我们可以从成本方面去除健康研发成本，以产生一个与健康无关的创新的平均回报率。在成本方面，20%~25% 的政府资助的研发是通过美国国家卫生研究院（NIH）进行的。在私营部门，2016 年美国私人赞助的研发中约有 18% 来自药品和药物。更广泛的估计认为，2013 年至 2017 年，美国与医疗和健康有关的研发总额从 1 430 亿美元上升到 1 820 亿

---

① 美国的婴儿死亡率已经从每千活产 100 人死亡（1915 年）下降到每千活产 26 人死亡（1960 年），到 2017 年每千活产 5.6 人死亡。正如墨菲和托佩尔（2006）所指出的，在 1900 年的美国，18% 的男性没有活到他们的第一个生日，但到 2005 年，人们在 62 岁之前的死亡率只有 18%。

美元，约占美国研发总支出的 30%。去除健康支出来调整研发，将导致（与健康无关的）创新的基线社会回报率随之增加。该修正是

$$\beta = \frac{x}{x - \text{healthR\&D}} \qquad (8)$$

表 1-5 考虑了对健康研发投资的其他修正措施。如果估计健康支出占总研发的 20%，那么与健康无关的创新的社会回报率将增加 25%。就健康研发成本而言，这一估计有些保守。但它也可能是不保守的，因为它假设这些健康收益完全独立于生产率提高之外，例如，它们支持退休人员的长寿或健康，而不是对工人生产率的投资。

相反，在收益方面的调整，最直接的修正就是将长寿的价值纳入其中。这是一个很难计算的问题，即使在原则上也是如此。经济学家经常依靠统计学上的生命价值，这可以基于观察到的用来减少死亡风险的支出。诺德豪斯（2005）使用这种方法，以1990 年的美元对生命进行估值，为 300 万美元，发现预期寿命的延长为个人产生的年收益超过了商品和服务消费的增长。[1] 墨菲和托佩尔（2006）进一步发现，在美国，寿命的延长和健康质量的提高都带来了巨大的福利收益。根据他们的估计，健康状况的改善所带来的社会效益是整个医疗保健支出的数倍。

然而，明确地调整社会回报率的计算依旧存在困难，因为我

---

[1] 在进行成本效益分析时与其他研究和美国政府的做法相比，诺德豪斯使用了一个有点保守的生命价值衡量标准。

表 1-5　考虑到健康因素的平均社会回报率

健康研发 / 研发总量（%）	校正因子（β）	平均社会效益成本比（ρ）	平均社会回报率（r^*）
无关健康创新的社会回报率			
0	1	13.3	67%
20	1.25	16.7	83%
25	1.33	17.8	89%
30	1.43	19.0	95%

健康消费比例（%）	健康消费增长率（%）	校正因子（β）	平均社会效益成本比（ρ）	平均社会回报率（r^*）
包含寿命延长的社会回报率				
25	1.0	1.19	15.8	79%
30	1.5	1.36	18.1	90%
40	2.0	1.74	23.2	116%
50	2.5	2.39	31.9	159%

们不仅需要改善健康状况带来的价值变化，还需要一个不同的实际消费的基线定义，其中包括活着的价值。也就是说，由于这种"健康消费"，实际人均 GDP 在每个时期都会提高，我们用 h 表示。正如我们在附录 C 中所显示的，对社会回报率的适当修正是

$$\beta = \left(1 + \frac{s_h}{1-s_h} \times \frac{g_h}{g}\right) \qquad （9）$$

其中 g_h 是健康消费的增长率，s_h 是健康消费在扩大的 GDP 中的份额。这一修正表明，增加健康消费的正增长只能增加创新的社会回报率。无论是健康消费的增长率，还是健康消费在增长

的 GDP 中所占的比重，其放大系数都在增加。诺德豪斯（2005）估计，在 20 世纪后半期，$g_h \approx 2\%$，我们可以把 $s_h \approx 0.25$ 作为一个保守的值。表 1.5 考虑了各种数值的调整。鉴于这项工作面临的挑战，这些估计尤其具有推测性，但它表明在考虑健康利益的情况下，社会回报率可能会大幅上升。

上述回报率将寿命的增长归功于创新，更具体地说，归功于社会承担的广泛的研发成本。当然，寿命方面的一些关键进展来自公共卫生方面的干预，包括 20 世纪初清洁水供应的进步和 20 世纪末的反吸烟运动。然而，这些努力反过来又是基于研究的洞察力，例如，巴斯德的疾病细菌理论阐明了关于清洁水的重要性，以及关于吸烟危害的广泛研究。卡特勒、迪顿和勒拉斯穆尼（2006）研究了人类寿命的历史增长，并思考了其各种潜在原因，认为"知识、科学和技术是任何相关解释的关键"。同时，公共卫生干预措施，就像汽车中的安全玻璃、安全气囊和其他救生功能的创新一样，植根于研究并与后续投资相结合。这一观点进一步表明，将资本投资（第 1.2.1 节）纳入评估社会回报率可能是合适的。

1.2.2.3 国际溢出效应

我们以上关注的是美国的研发支出。然而，一个地方的创新所带来的好处往往会跨越国界，这既是因为想法的直接溢出，也因为创意体现在跨国交易的商品和服务中。这些国际溢出效应意味着，美国的创新除了提高美国的生活水平外，还带来了额外的好处；同时，还意味着，美国的某些收益归功于其他国家的创新。

为了研究这些国际溢出效应，我们可以将视野扩大到一组发达经济体。这里我们考虑七国集团（G7）[①] 和经济合作与发展组织（OECD）。虽然很难说哪个国家承担了哪一部分的创新收益，但我们可以看看这些经济体的创新支出和人均 GDP 路径的总体情况。

美国经济对研发的投资相对较多（占 GDP 的 2.7%）。相比之下，G7 整体（自 2000 年以来占 GDP 总量的 2.5%）和 OECD 成员整体（自 2000 年以来占 GDP 总量的 2.2%）的研发投资总额在 GDP 中的比例都要小一些。[②] 同时，G7 国家和 OECD 成员的人均收入增长也高于美国经济。自 2000 年以来，G7 国家的人均收入增长率平均为 2.2%，OECD 成员的人均收入增长率平均为 3.5%。表 1-6 考虑了对平均社会回报率的影响。

由于研发投资与基线相比有所下降，而人均收入增长率有所上升，研发投资的社会回报率显得更高。人们可能还想将资本深化作为实现这些创新成果的一个重要方面。然而，自 2000 年以来，美国的国内资本形成总值和 OECD 成员平均水平之间的差别不大。因此，考虑到资本具现的作用，这种额外的修正类似于表 1-3。如表 1-3 所示，衡量资本深化的一种更广泛、更保守的方法是允许维持总体资本产出率的整个经济的深化。由于 G7 国家

---

① 七国集团包括德国、日本、英国、法国、意大利、加拿大和美国。

② 这些数字是利用经合组织的数据计算的。随着时间的推移，除在美国以外的研发投资在 G7 国家和 OECD 成员中一直在增加。

或 OECD 成员的产出平均上升速度较快，这种调整需要比美国经济更大的净资本投资。我们在表 1-6 中也考虑了这种调整。扣除这一更大的投资成本后，与单独分析美国的情况相比，我们仍然发现社会回报率有所增加。

再进一步说，创新的国际溢出效应并不局限于 OECD 成员的边界。生产率的提高和健康方面的好处都是如此。由于发展中国家在许多技术上起步的时间较晚，因此这些进步通常需要较长时间才能被感受到，但由于 OECD 成员人口仅占世界人口的 17%，这些溢出效应的潜在规模很大。虽然我们没有试图计算前沿经济体以外的溢出效应，但这种更广泛的溢出效应表明，表 1-6 中的国际溢出效应修正是保守的。

1.2.2.4 小结

我们研究了创新投资的平均社会回报率的基线计算可能过高或过低的几个原因。仅是保守的修正，创新投资的社会效益似乎就远超过其成本。加上自然的向上修正——由于通货膨胀偏差、健康收益或国际溢出效应——进一步增加了社会效益与成本之比。总体看来，对平均社会回报率的保守估计是每 1 美元的投资有大约 5 美元的收益。合理的通货膨胀偏差或健康收益，可以很容易地将每 1 美元投资的平均收益提高到 10 美元，甚至 20 美元。这些收益仅是就美国经济而言，纳入国际溢出效应会进一步扩大收益。总而言之，从各种角度分析平均收益都表明社会回报率是非常高的。

表 1-6 发达经济体平均社会回报率整体情况

	R&D（%GDP）	净投资（%GDP）	人均增长率（%）	校正因子（β）	平均社会效益成本比（ρ）	平均社会回报率（r*）
美国						
基线	2.7	—	1.8	—	13.3	67%
国内净私人投资	2.7	4.0	1.8	—	5.3	27%
全资本深化	2.7	6.3	1.8	—	4.0	20%
G7 国家						
基线	2.5	—	2.2	1.32	17.6	88%
国内净私人投资	2.5	4.0	2.2	1.26	6.8	34%
全资本深化	2.5	7.7	2.2	1.08	4.3	22%
OECD						
基线	2.2	—	3.5	2.38	31.8	159%
国内净私人投资	2.2	4.0	3.5	1.59	8.5	57%
全资本深化	2.2	12.3	3.5	1.21	4.8	24%

注：这里应用的修正系数 β 是美国经济相关行的社会回报率。

1.3　平均社会回报率与边际回报率的对比

第 1.2 和第 1.3 节的内容明确地分析了创新投资的平均社会回报率。通过聚焦平均社会回报率，本研究具有一定的优势。我们采用的总体层面分析方法，能够将成功和失败的研发活动成本均考虑在内，并且整合了创新过程固有的复杂溢出效应。利用这种方法还能以更加明确清晰的方式对现有相关文献中还没有被充分考虑的因素对研发活动社会回报率的影响进行评估。考虑了现有相关文献在评价中没有充分考虑的因素。这些因素，包括资本具现、滞后效应、生产率测度、健康福利和国际溢出效应。通过关注平均回报率，我们解决了收益在各主体间进行分配时所面临的复杂概念和实证问题。总体而言，我们发现创新投资的平均社会回报率非常大。

同时，从政策角度来看，我们可能格外关注边际回报率。也就是说，我们不仅关注社会已实现的平均社会回报率，还关注新增创新投资的社会回报率。在本节中，我们将分析平均社会回报率对边际社会回报率的指示程度，微观和宏观层面的分析都有助于说明这一问题，具体内容如下。

1.3.1　边际回报率的实证分析

在微观层面，关于基础研发社会回报率的已有文献为高边际回报率提供了直观的经验证据。这些研究主要分析了企业和行业内部研发支出的变化（即边际变化），以及如何预测这些企业和行业未来的生产率增长水平。研究发现，日趋增加的基础研发活动具有很高的社会回报率，这不仅来自同行业企业之间的溢出效应，还来自具有技术相关性的不同行业内企业间的技术溢出效应（霍尔、迈赫斯和莫伦，2010）。尽管上述研究采用了多种回归方法并且面临着解释上的困难，一些文献改进了因果识别策略，发现了企业研发支出的边际增长带来的巨大社会收益（Bloom、Schanker-man、Van Reenen，2013）。以上相关补充文献呈现在附录 B 中。总体来说，与我们在相关测算中获得的平均社会回报率相同，企业和行业相关研究中测算得到的平均社会回报率均处于非常高的水平。

1.3.2 边际回报率的微观分析

两个相关联的概念观点可以帮助解释为什么人们期望创新的平均社会回报率和边际社会回报率都很高——甚至同样高。特别地，对于给定的研发项目，社会回报率可以由下式表示：

$$r_{social} = r_{private} + r_{spillovers}$$

从经验上看，计算结果表明平均而言创新的社会回报率 r_{social} 远高于标准私人回报率 $r_{private}$。这意味着创新的溢出效应 $r_{spillovers}$ 具有很大的正均值，并且根据创新的私人回报率和溢出效应的相关分布假设，边际社会回报率会保持较高水平。例如，如果给定创新项目的溢出效应是独立于私人回报率的，或者如果溢出效应是私人回报率的数倍，那么边际社会回报率将超过边际私人回报率。在某种程度上，绝大多数创新的社会回报率都体现在创新溢出效应中（正如我们的计算结果显示的那样），那么平均社会回报率和边际社会回报率自然都会处于高水平。

一个相关的观点来自创新内在的不确定性。正如阿罗（1962）所强调的，通常在开始阶段很难确定一个新的研发项目究竟能否取得成果，甚至当一个研发项目已经接近市场应用阶段，失败仍然是经常发生的事。例如，大多数创业企业都失败了，那些投资新企业的风险资本家在预测哪些投资会成功方面有实质性的困难。克尔（Kerr）、南达（Nanda）和罗兹·克洛夫（Rhodes-Kropf）于 2014 年研究了一家著名的风险投资公司，发现该公司的合伙人在对投资机会进行最初评分时完全没有预测每个创业公司未来收益价值。

这种不确定性对于基础研究而言可能更加严重，因为基础研究的失败概率更高，研究理念的最终应用也很难预测。例如，像爱因斯坦广义相对论这样的基础理论研究是全球定位系统（GPS）的重要基础，而全球定位系统又是许多技术应用的关键，包括对优步这样的新商业模式至关重要（Ahmadpoor & Jones，2017）。类似地，黄石国家公园极端微生物的基础研究提供的基因复制技术是支撑生物技术产业的关键技术。基础研究及其最终应用之间的联系是广泛的、深刻的，并且难以预测。

总体来说，创新的不确定性表明，研发项目投资的边际回报率难以确定，尤其是对于基础研究、结点不明确的应用研究或转型商业模式的投资。这种不确定性使得投资者（私人投资或公共投资）在评估此类创新项目的预期收益时难以获得可信的结果。

如果我们不能预测这些项目的收益，那么这些项目新增投资的边际回报率可能与该项目获得的投资平均社会回报率相差不大。

1.3.3 边际回报率的宏观分析

评估创新边际回报率的最后一种更明确的方法，是使用增长模型进行测算。虽然可以采用多种增长模型获得平均回报率，但边际回报率的具体计算取决于特定模型。本部分我们将使用在内生增长文献中广泛应用的两类主要创新模型来分析边际回报率。

内生增长理论的原始方法强调增长率与研发投入水平之间存在正向线性关系（Aghion & Howitt, 1992；Romer, 1990）。特别地，为了简化分析，此处假设：

$$g_A = \gamma L_R \tag{10}$$

其中 L_R 是研发从业人员的数量。直观来说会产生如下结果，正式推导见附录 C 中。

引理 1：对于知识生产函数（10），研发的边际社会回报率为：

$$\rho_{marginal} = \frac{g/r}{x/y} \tag{11}$$

这直观地表明，新增研发投入的边际回报率等于其平均社会回报率，因为研发投入不是报酬递减的。也就是说，当一个单独新增研发投入创造了增长率的线性增长时，边际回报率等于平均社会回报率。因此，在经典的罗默式内生增长模型下，可能是因为相关政策的问题，新增研发投入的边际回报率较大，这与本章前面部分的计算结果完全一致。

同时，经济增长相关文献提供了强有力的实证论据要求建立创新投入如何映射到生产率增长的替代模型。也就是说，实证证据表明，不断增加的研究投入是推动生产率持续增长的必要条件（Bloom et al，2020；Jones，1995，2009；Kortum，1997）。该宏观事实表明如下关系式的存在：

$$g_A = \delta A(t)^{\theta-1} L_R(t)^{\sigma} \tag{12}$$

该式从两个方面对（10）进行了推广。第一，设置参数 θ 从而允许不同程度的跨期溢出：生产率水平 $A(t)$ 随着时间的推移而提高，根据参数 θ 的不同，进一步的增长可能会变得更容易或更难。第二，设置参数 σ 来反映各时间点上研发投入不同程度的收益递减。该模型能够获得形式为 $g_A = \left[\dfrac{\sigma}{(1-\theta)}\right] n$ 的稳态解，其中 n 是应用于研发的投资增长率。①

根据这种以实证为基础的知识生产函数，我们采用如下表达式对创新投资的边际社会回报率进行描述，详细推导过程在附录 C 中进行展示。

引理 2：对于（12）中的广义知识生产函数，研发的边际社会回报率为：

$$\rho_{marginal} = \frac{\sigma}{1+(\sigma-\theta)(g/r)} \frac{g/r}{x/y} \tag{13}$$

也就是说，新增研发投入的边际回报率是我们在 1.2 节和 1.3 节中计算的平均回报率的倍数。联系我们之前的参数符号，我们将这个乘法因子定义为 $\beta_{marginal}$，其表达式如下：

———————

① 稳态解要求 $\theta<1$，这意味着正跨期溢出的程度不能太大。

$$\beta_{marginal} = \frac{\sigma}{1+(\sigma-\theta)(g/r)} \tag{14}$$

这个结果有几个简单的性质。第一，在 $\sigma \to 1$ 和 $\theta \to 1$ 时，就会得出罗默式边际回报率。第二，在其他条件相同的情况下，增加跨期溢出的程度（增加 θ）会提高边际回报率。第三，在其他条件相同的情况下，研究成果的收益递减越大（减少 σ），边际回报率就越低。[①]

我们可以进一步对边际回报率进行校准。研发的边际社会回报率取决于几个经验测量的变量（用来确定平均回报率的变量 g，r，x，y）和两个未知参数（σ，θ）。因此，我们需要明确参数 σ 和 θ 的值。由于该模型中的稳态增长率由 $g_A = \left[\dfrac{\sigma}{(1-\theta)}\right]n$ 表示，我们可以将 σ 写为：

$$\sigma = \frac{g}{n}(1-\theta) \tag{15}$$

这里研发投入增长率 n 能够通过观测获得。因此，我们实际上只有一个参数的数值需要确定。[②]

表 1-7 给出了 $\beta_{marginal}$ 和研发边际社会回报率的校准。我们使用第 1.2 节中的 g 和 r 值，并使 $n = 2\%$，这是自 1960 年以来美国劳动力的增长率。然后，我们考虑不同范围的跨期溢出，从基本

---

① 该结果需要 $\theta < 1$ 和 $g < r$ 作为稳态增长存在的条件，边际回报率可能超过平均回报率。例如，在某个时间点（$\sigma > 1$）研究的收益不断增加，并且跨期溢出效应不太小，就可能会发生这种情况。

② 若已知关于跨期溢出程度的良好信息 θ，那么可以推导出 σ。反之，若已知 σ 的相关信息，则可以推导出 θ。

为负（$\theta = -0.75$）到基本为正（$\theta = +0.75$）。

表 1-7 边际社会回报率

跨期溢出（θ）	隐含投入弹性（σ）	边际回报率系数（β）	边际社会收益成本比（ρ）	边际社会内部回报率（r^*）
−0.75	1.58	0.86	11.4	101%
−0.5	1.35	0.81	10.8	87%
−0.25	1.13	0.75	10.0	73%
0	0.90	0.68	9.0	58%
0.25	0.68	0.59	7.8	45%
0.5	0.45	0.46	6.1	30%
0.75	0.23	0.28	3.7	16%

表 1-7 表明，新增研发投入的边际社会回报率往往很高，并且随着新增研发收益的急剧递减而减少。也就是说，当新增研发投入越来越接近现有的研发水平，或者更广泛地说，在某个时间点新增的研发活动的效率降低，边际回报率就会下降。[1]

---

[1] 这种调整的一个重要特征是，更强的跨期溢出效应使新增创新投入的边际回报率下降。虽然正的跨期溢出效应似乎直接对社会收益有利，但为了匹配观测到的增长率，此处的调整通过收益递减（反之亦然）来抵消较强的正跨期溢出效应。也就是说，即使新增创新投入的回报率急剧递减，新增创新投入的边际社会回报率仍然可能比较高。例如，以 $\sigma = 0.23$（表 1-7）为例，假设将创新投资增加 100%，只会使创新产出增加 17%。然而，年均社会回报率仍然是每年 16%（表 1-7）。较强的、积极的跨期溢出效应使新增的投入仍然能够发挥正向作用。

文献没有对跨期溢出的程度（θ）提供明确的经验参考。在模型中，随着大量创意被"挖掘"出来，或者随着科技的进步，创新探索过程的成本会越来越高，因此预期 $\theta < 0$（Jones，2009；Kortum，1997）。然而，新的想法或工具（如微积分、计算机）在某种程度上成了创新探索的有效投入，可以预期 $\theta < 0$（Weitzman，1998）[1]。克雷默（Kremer，1993）使用一个长期经济增长和人口增长的模型进行研究，结果表明 θ 值在 0.1 到 0.4 的范围内，这表明新增研发投入的边际回报率很大，但不确定这一结论是否适用于当下情况。

在宏观层面回报率递减的可能性中，隐含着两个潜在的假设：第一，考虑到现有的知识存量，能够探索的新增的创新路线可能十分有限；第二，人口中新增的创新人才可能也比较有限。然而在微观层面，这两个有限性假设并没有得到支持。如上文所述，对企业研发活动或 NIH 基础研究边际回报率增长的研究都表明边际回报率具有较高水平（Azoulay et al，2019；Bloom Schankerman et al，2013）。这些发现与假设中的众多"创新限制"并不一致。关于"人才的限制"，美国似乎有大量机会去扩大创新人才库。创新劳动力的增加可以通过移民渠道（Kerr，本书第 3 章）以及教育和幼儿政策（Van Reenen，本书第 2 章）来实现。创新型人力资本的主要制约因素表现在人才接触职业通道的限制，而不是缺少可用人才。移民、教育和职业接触政策在培

---

[1] 原文可能有错误，应该是 $\theta > 0$。——译者注

养更多创新能力和加速提高生活水平方面具有巨大的短期和长期
潜力。

1.4　结论

本章讨论了对创新投资的社会回报率的估计。本文引入了一
种明确的方法，既结合了创新的成功和失败，又在创新过程中纳
入了多种外部性，包括模仿、业务窃取、拥堵和跨期溢出。这种
方法可以进一步应用于解决在评估社会回报率时通常不考虑的一
系列重要问题。这些问题包括资本投资、扩散延迟、生产率错误
测量和健康结果等因素的作用。

总体而言，我们发现创新投资的平均社会回报率非常高。如
果基础研发活动和新企业的创建推动了大部分生产力的提高，那
么这些投资项目的社会回报率就会达到较高的水平。如果需要更
广泛的投资，包括资本具现，来实现这些生产率的提高，那么这
些新增投资的社会回报率仍然很高。即使在非常保守的假设下，
每投入 1 美元获得的平均回报很难低于 4 美元。考虑到健康福利、
通货膨胀偏见或国际溢出效应，每花费 1 美元，社会回报将超过
20 美元，内部回报率将接近 100%。

我们进一步分析了这些平均社会回报率与新增创新投资的边际
回报率的相互关系。根据微观和宏观层面创新文献中的各种观点，
我们有充分的理由相信边际回报率也很高。这意味着支持进一步创
新投资的政策具有较高的潜在回报率。创新投资能够稳定、持久地

促进经济增长率的提升，其带来的收益要高出成本许多倍。由于社会回报率超过私人回报率，公共政策是释放这些收益的核心因素。

本章还指出了未来研究有待完善的关键领域。本章在计算创新投入总体社会回报率时综合考虑了众多可衡量因素。同时，该计算方法存在一个问题，即哪些具体的创新活动特别富有成效。例如，基础研究、应用研究和更多的增量产品开发可能会带来不同的收益。具体部门也需要进一步考察。例如，本章提供了关于"健康线"的基本评估方法，但是"健康结果"的重要性和健康研发的规模都需要更广泛的分析。本章还考虑了创新投入的社会回报率如何通过资本深化具象新知识实现，从而将创新回报与其他投资层面联系起来，并为研究和政策分析提供更多途径。鉴于集合的创新活动具有很高的社会回报，创新活动的广泛扩展可能会更加迅速且更加持久地提高我们的生活水平。未来评估和确定这些收益的主要驱动因素，将有助于调整政策选择，以实现更高的社会效益。

附录 A

溢出效应和创新的社会回报率

一项创新所带来的全社会回报与创新者的私人收益可能有很大不同。这种差异来自创造和引入新想法可能带来的许多潜在的"溢出效应"。在附录 A 中，我们讨论了这些潜在的外溢效应的范围，这反过来又使创新的社会回报率的测量具有挑战性。

模仿性的外溢效应

一家公司的创新投资不仅可以提高投资公司的生产率，也可以提高其他公司的生产率。尤其是当其他企业可以模仿这种进步的情况（西格斯托姆，1991）。例如计算机制造商，当一个更先进的微处理器、存储芯片或显示器被创造出来时，竞争企业会看到和学习这些创新，并改进自己的产品。这些"模仿性"知识溢出增加了创新的社会回报，即使竞争对手的模仿可能会减少原始创新者的私人回报。除了产品创新，流程创新（如亨利 – 福特的装配线，杰夫 – 辛顿的人工智能算法，或世界卫生组织的手术清单）也可以被其他人学习和模仿，将收益扩展到远远超出原始创新者的范围。

用户溢出效应

另一个重要的潜在的溢出效应是用户获得的利益（特拉坦伯格，1989）。例如，更先进的计算机设备可能会提高购买和部署这些机器的下游企业的生产率。这种用户利益不可能被上游的创新者完全捕获，特别是，购买产品的用户可能期望获得超过产品价格的收益。用户溢出效应可以发生在垂直供应关系中的企业之间，也可以发生在终端用户——消费者身上，产生创新企业无法捕捉的消费者剩余。当上游生产者具有竞争性并相互模仿对方的创新时，下游的利益可能会特别大（佩特兰，2002）。

跨期溢出效应

一个难以估计的潜在的核心外溢效应的本质是跨时空的，在这种情况下，特定的进步可能会影响未来进步的能力（罗默，1990；Scotchmer，1991；韦茨曼，1998）。这种跨期因素可能涉及某一特定产品线中的开辟研究途径，比如说，喷气式发动机设计中的一个具体进展可能会激发未来的喷气式发动机的创新。溢出效应也可能更为普遍。例如，像电力、计算机和移动电话这样的技术可以成就未来大量创新的平台。以智能手机为例，这些工具已经刺激了数以百万计的新软件应用程序的创新。手机还催生了一些变革性的商业模式，包括移动支付和拼车行业。

当未来创新的跨时期溢出效应很广泛时，原始创新的社会回报就会难以衡量。对于像移动电话、互联网、计算机、激光和电力这样的通用技术，甚至很难列举出建立在它们之上的全部未来应用。像"互联网的社会回报是什么"这样的问题是很难回答的，因为应用是非常多样化的。

这种困难在基础研究中也很严重。根据定义，基础研究并不针对特定的市场创新。相反，它的目的是促进理解和引出未来应用程序可能建立的新想法。从本质上讲，基础研究的市场回报都存在跨时间溢出效应。尽管基础研究是一项充满失败的不确定性工作，但它也产生了对市场创新和社会经济繁荣至关重要的最终见解。例如，如果没有基础研究在遗传学方面的突破——从孟德尔遗传到沃森和克里克的 DNA 结构，再到卡里－穆利斯的聚合酶链反应——就不会有生物技术产业，许多前沿的医疗方法也不会存在。数学、化学、固体物理学、材料科学和统计学等领域的进步，仅列举这几个领域，就支撑了大量市场应用（Ahmadpoor et al，2017）。回答"学习DNA结构的社会回报是什么？"或"微积分的社会回报是什么？"这样的问题显然是很难的，因为应用是非常多样化的。

上述讨论表明，跨期溢出效应在很大程度上是积极的，因为一项进展可以促进未来的进步，但跨期溢出效应也有可能是负面的。负面的跨期溢出的主要原因是，我们可能发现提出新的想法越来越困难。假设想法是树上的水果，我们可能会自然地先摘下低处的水果。然后，未来的创新将变得更难实现。有大量的微观和宏观证据表明，随着时间的推移，创新需要更多人的努力（布卢姆等人，2020；琼斯，1995，2009）。跨期溢出效应净值是正的还是负的，仍然是一个开放的问题。

商业偷窃

回到企业，其他问题可能会限制创新的社会回报。特别是在竞争的背景下，实际社会回报有可能低于私人回报。这种影响来自"商业偷窃"，即一家公司的进步可能部分来自从其他公司偷窃业务。具体来说，考虑到一个小的创新，它使一个公司能够以比竞争市场上所有其他公司略低的成本生产一件机器。这个创新的公司随后可能会发展到占领市场，并有着巨大的私人回报，但社会回报实际上可能非常小。更为普遍的是，任何时候一个公司或行业的发展都是以牺牲其他公司和行业的发展为代价的，狭隘地看前进中的公司或行业的私人研发回报，在其他条件不变的情况下，会倾向于夸大社会回报。

重复工作

最后一种负面溢出是在研发过程本身，发生在研究团队重复彼此的努力时（Dixit，1988）。例如，许多公司可能同时寻求创造相同的新技术。同样地，多个进行基础研究的团队可能会竞相追求相同的实验结果。由于研究团队并没有将他们对其他团队的影响内部化，因此在一个特定的研究领域可能会有大量的投入。

附录 B

研发的社会回报率的经验估算：现有文献

附录 B 回顾了计算研发的社会回报率的现有方法。我们回顾了技术案例研究、公司和行业层面的研究，以及国家层面的研究。这些文献使用了不同的方法，提供了一系列有价值的发现。典型的发现就是社会回报率非常高。与此同时，每种方法都有方法论上的限制。

技术案例研究

"案例研究"方法比较了特定技术和部门的研发成本和相关收益。格里利谢斯（1958）在半成品的贡献中考虑了美国杂交玉米的发展。针对杂交玉米研发成本的计算是几十年来累积起来的。收益的计算方法是玉米产量的增加减去投入成本的增加。研发成本和生产效益都是在某个时间点上用假定的贴现率来计算的。在格里利谢斯的中心估计中，社会回报率非常高：1 美元的研发成本提供了 7 美元的净现值收益①。

---

① 格里利谢斯认为这个估计是保守的。他使用了较高的贴现率（10%）和其他保守的假设，认为每花费 1 美元，社会回报至少是 7 美元。这相当于至少 35% 的内部回报率。

其他案例研究已经考察了许多农业创新（埃文森，2001）和小部分工业创新，包括机械、化学、电子和消费产品创新（曼斯非尔德等，1977；图克斯伯里、克兰德尔和克兰，1980）。布雷斯纳汉（1986）研究了金融服务中的大型计算机。Trajtenberg（1989）研究了 CT 扫描器及其对医疗的好处。虽然估计不同，但这些研究通常显示出高社会回报率。例如，对公共农业的研究表明，其社会回报率通常超过 40%（埃文森，2001）。曼斯菲尔德等人（1977）和图克斯伯里、克兰德尔和克兰（1980）对 37 项工业创新的研究结果表明，它们的社会回报率的中位数为 71%。

案例研究的主要挑战是它们是否具有普遍性。杂交玉米、计算机主机和 CT 扫描器都是成功的创新。失败的案例研究是罕见的，尽管创新中的失败是普遍的（阿罗，1962；克尔、南达和 RhodesKropf 2014）。由于忽略了失败，案例研究可能会夸大研发的一般社会回报率。另一方面，案例研究侧重于狭窄的创新或应用。影响深远的创新——电力、激光、计算机、基因测序的社会回报率难以计算，但可能是所有创新中回报率最高的。因此，案例研究的证据是夸大了还是低估了平均社会回报率还不能确定。

企业和行业分析

另一篇文献采用回归方法来研究研发的社会回报率。在这些回归中，因变量通常是企业或行业的产出或生产率。解释变量是研发支出。在企业层面，通过考察企业自身的研发支出如何预测该企业的产出或生产率增长来估算私人回报率。进一步考察焦点企业或行业的产出增长如何依赖于其他企业或行业的研发投资，从而纳入社会回报。这种跨企业或跨行业的溢出效应在回归中是通过将"外部研发"作为特定企业或行业结果的一个单独的预测因素来确定的。

回归估算方法通常会得到可观的社会回报率。霍尔、迈雷斯和莫南（2010）回顾了回归的证据，认为研发的私人回报率很可能在 20%~30%。对跨公司或行业溢出效应的估计往往是额外的正数，但这些估计在不同的研究中差异很大，而且往往不精确。例如，一些研究表明，可以从外部研发中获取大量的回报，而另一些研究则认为外部研发的回报可能很少或没有。

回归方法体现了一系列的假设。首先，为了将回归系数解释为回报率，必须假设研发与生产率增长之间存在特定的生产函数。其次，我们必须对滞后性做出假设，因为今天的产出增长可能不仅仅取决于去年的研发支出，还取决于前几年开始的研发项目。在实践中，回归方法通常假定研发的回报非常迅速。最后，我们必须对溢出的范围做出假设，即在技术上比较接近的企业或行业可能有更多的溢出潜力。霍尔、迈雷斯、莫南（2010）回顾了作者对这些方面所使用的各种假设，不同假设可能有助于解释不同的结果。

回归结果也不意味着因果关系。研发支出和企业产出之间的正相关关系可能是由于反向因果关系或遗漏变量产生的。具有高产出增长的企业可能会选择进行大量的研发，这样因果关系就会向后延伸。而良好的技术前景可能会使所有的企业做更多的研发，也会看到产出的增加，那么"外部研发"的明显溢出可能是由共同的技术机会驱动的虚假关联。因此，从简单的回归中解释私人或社会回报并不直接。

鉴于这些问题，有两项研究值得注意，它们试图对社会回报进行因果评估。利用联邦和州级研发税收优惠政策的变化来改变企业的研发成本。作者表明，当一个公司的税收成本下降时，研发支出就会上升。由此产生的研发投资的变化反过来推动了企业的更大增长和对其他企业的更大溢出效应。估计私人回报率为21%，社会回报率为55%。[①]

所有溢出效应的回归模型都有一个局限性，那就是它们必须明确外溢效应的边界。从模型构建上讲，任何"进一步超出（ further outside ）"外部研发措施的部分都被忽略了。其中一个遗漏是基础研究，包括在大学和政府实验室进行的研究。这些研发投资被排除在行业研究之外，但可能具有重要的影响。Azoulay、Graff Zivin 和李（2019）在生物医学创新的背景下解决了基础研究的外溢效应。利用对美国国立卫生研究院资金的冲击，这项研究可以做出因果关系的解释。他们发现，美国国立卫生研究院的

[①]　本研究的一个重要特点是，它面对的是研发外溢的两个层面。外部研发的影响主要是上述两种力量的混合。第一，可能有知识外溢，即一家公司的技术进步被其他公司吸收，提高了这些其他公司的生产率。第二，可能存在业务偷窃，一家公司实现收益可能以牺牲其他公司的业务为代价。通过分别考虑在技术空间上接近的公司（允许知识溢出）和在产品空间上接近的公司（允许业务偷窃）来区分这些渠道。他们发现社会回报率为55%，这两个渠道都被删除，表明知识外溢占主导地位。

资金每增加 1 000 万美元，就会增加 2.7 项私营部门的专利。通过对这些专利的市场价值进行归纳，作者计算出美国国立卫生研究院每花费 1 美元至少有 2 美元的商业回报。社会回报率（需要评估这些创新的净健康优势）可能会更高。另外一个重要的发现是，一半的专利来自美国国立卫生研究院资助目标之外的疾病领域，这说明基础研究的外溢效应范围很广。

国家层面的分析

回归模型也可以在国家层面上进行。这里的因变量是国家的全要素生产率，而研发投入是国家的研发总支出。通过将其他国家的研发作为一个单独的解释变量来研究跨国溢出效应。科和赫尔普曼（1995）研究了 22 个高收入国家。他们发现，在国家层面上，研发支出和生产率增长之间存在着强烈的正向关系。如果将这种关系视为因果关系，G7 国家的研发回报率平均为 123%，其他 15 个高收入国家平均为 85%。跨国的溢出效应也很明显，使回报率再次增加 30%。一些研究考虑了替代科和赫尔普曼（1995）的回归设计和国家规模背景或国家组合。在这些研究中，国家的研发回报总是呈正数，但幅度差别很大，有些研究发现回报非常大，而其他研究则发现回报较小。

在国家层面上进行汇总的一个重要优势是，它可以包括所有的研发（包括基础研究支出），并扣除跨企业和行业的研发溢出效应，包括知识溢出和商业窃取效应。因此，与狭义的技术、企业或行业层面的分析相比，国家回归中的"自身回报"在概念上更接近于社会回报。科和赫尔普曼的跨国研究和随后的研究又增加了一个外溢的维度，即创新的好处超越了国界。

国家层面的回归方法的缺点与前文类似，特别是在因果关系的识别方面。在国家层面上，人们可能会特别担心出现破坏解释的虚假关联。例如，研发投资对商业周期有反应，导致反向因果关系问题。更广泛地说，遗漏变量可能会使相关关系出现偏差。

另一种宏观经济方法是模型驱动的。这里作者使用具体的增长模型来计算额外研发支出的边际回报。琼斯和威廉姆斯（1998）采用了这种方法，并在相当广泛的理论条件下表明，微观文献中看到的研发私人回报往往会低估社会回报。他们的结论是，最佳的研发投资是观察到投资的 2~4 倍。随后的许多研究建立了具体的内生增长模型，并根据微观和宏观证据对其进行校准。这项研究得出了类似的广泛结论，即增加研发的边际社会回报率很高，但发达经济体在研发方面的投资不足。

总结

现有的文献表明，利用不同的方法和数据，研发的社会回报率都很高。同时，考虑的外溢效应范围往往是有限的，尤其是对特定技术、公司和行业的研究。跨期的溢出效应可能以扩散的方式和长时间的延迟发挥作用，但通常被忽略。上述每种方法都有特定的局限性。尽管有这些差异和限制，但文献中的各种方法都得出了类似的结论：社会回报率非常高。本章的补充计算解决了几个局限性问题，进一步表明创新投资的高社会回报似乎很稳健。

附录 C

正式结果

基准平均社会回报率

在这里，我们得出了创新总投入的社会回报率的基准估计。平均社会回报率是通过将观察到的增长路径与在没有创新投资的情况下出现的反事实增长路径进行比较来计算的。我们将从人均收入的角度来研究回报率。对于观察到的增长情况，我们发现了人均 GDP 的路径 $y(t)$ 和人均创新投资的路径 $x(t)$。对于反事实的情况，给定一条替代的投资路径 $\hat{x}(t)$，我们有一条替代的人均 GDP 路径 $\hat{y}(t)$。

社会回报率 $\rho(t)$ 是通过比较收益净现值 $B(t)$ 与成本净现值 $C(t)$ 的比率来计算的。即：

$$\rho(t) = \frac{B(t)}{C(t)}$$

假设反事实路径在某个时间 t_0 开始。然后，比较观察到的和反事实的投资路径，创新收益的现值为：

$$B(t_0) = \int_{t_0}^{\infty} [y(t) - \hat{y}(t)] e^{-r(t-t_0)} dt$$

然后，创新成本的现值为：

$$C(t_0) = \int_{t_0}^{\infty} [x(t) - \hat{x}(t)] e^{-r(t-t_0)} dt t$$

为了继续我们的基准估计，我们首先必须定义一个关于利率的反事实。特别是，我们要考虑所有创新投资的平均回报率，汇总与此过程相关的许多溢出效应。作为一个思维实验，我们可以

通过在时间 t_0 "关闭"创新来做到这一点。因此，根据定义，对于 $t < t_0$，我们写成 $\hat{x}(t) = x(t)$；$t \geq t_0$ 时，$\hat{x}(t) = 0$。

剩下的问题是关于人均收入的反事实路径。对于一个简单的基准情况，当 $t < t_0$ 时，$\hat{y}(t) = y(t)$；当 $t \geq t_0$ 时，$\hat{y}(t) = y(t_0)$。也就是说，我们假设在没有进一步创新投资的情况下，人均资本收入会停止增长。这条基准的反事实路径包含了一组前提假设，放宽这些假设是 1.4 节讨论的主题。值得注意的是，这一反事实路径虽然有所简化，但仍与新古典增长理论大体一致，其中遵循两个理论：第一，索洛理论，人均收入的增长需要生产率的提高；第二，内生增长理论，生产率的提高来自明确的创新投资。

为简单起见，采用平衡增长路径的典型化事实，其中观察到的 $y(t)$ 路径以恒定的速率 g 增长，而测量的创新投资（即研发）在 GDP 中所占的份额大致恒定，因此也以 g 的速度增长。那么创新收益的现值就是：

$$B(t_0) = y(t_0)\left[\frac{1}{r-g} - \frac{1}{r}\right]$$

创新成本的现值为：

$$C(t) = x(t_0)\left[\frac{1}{r-g}\right]$$

因此，平均社会效益成本比（每单位成本的效益金额）为：

$$\rho = \frac{\dfrac{g}{r}}{\dfrac{x}{y}}$$

分析平衡的增长路径时，$x(t)/y(t)$ 是恒定的，因此可以去

掉时间符号 t_0。或者，可以用 $r*$ 表示社会回报率，即收益等于成本时的贴现率（$\rho = 1$）。具体形式如下：

$$r* = \frac{gy}{x}$$

离散时间模拟

我们可以考虑离散时间模拟作为另一种推导方法。该方法中，创新不是始终处于"关闭"状态，而只是"关闭"一段时间。这种方法可以更好地阐明，反事实路径不会改变创新的跨期溢出效应，因为这种反事实保留了完全相同的生产力提升路径，但存在一个周期的延迟。

用 x_t 表示一系列提高生产力 A_t 的投资。反事实可描述为，假设在某个年份 t_0 中没有进行此类投资，此后仅经过一个时期，进行与观察到的路径上完全相同的投资。也就是说，考虑这样一条创新投资路径，其中 $t < t_0$ 时，$\hat{x}_t = x_t$；$t = t_0$ 时 $\hat{x}_t = 0$；$t > t_0$ 时 $\hat{x}_t = x_{t-1}$。由于这些是真正相同的投资（即相同的创新项目），可以认为它们最终会对生产率产生相同的影响。因此，最后必定得到 $A_t = A_{t-1}$。那么，根据新古典增长理论，y_t / A_t 等于一个常数。这意味着，最终 $y_t = y_{t-1}$。

在一个简单的"即时创新效应"模型中，当 $t \leq t_0$ 时，$\hat{y}_t = y_t$；当 $t > t_0$ 时，$\hat{y}_t = y_{t-1}$。我们将该模型作为基准反事实案例，与第 1.2 节分析中的基准方法相对应。

社会回报率是什么？基于观测路径和反事实路径的投资成本差额的净现值为：

$$C_{t_0} = x_{t_0} \left[\frac{r}{r-g} \right]$$

基于观测的增长路径和反事实的增长路径的收益差额的净现值为：

$$B_{t_0} = y_{t_0} \left[\frac{g}{r-g} \right]$$

然后，基于平衡的增长路径，再次得到：

$$\rho = \frac{\dfrac{g}{r}}{\dfrac{x}{y}}$$

包含健康收益的社会回报率

为了将健康收益纳入社会回报率，我们首先扩大了 GDP 的定义，将代表生存流量价值的"健康消费"部分纳入 GDP。用 h 表示这种健康消费流量，用 $y*$ 表示"增加的人均 GDP"，其中包括这种健康消费。即：

$$y* = y + h$$

同样，将增加的人均 GDP 增长率表示为 $g*$。根据上述人均 GDP 增长的定义，可以得出：

$$g* = g(1-s_h) + g_h s_h$$

其中 $s_h = (h/y)*$ 是健康消费在增加 GDP 中的份额，g_h 是 h 的增长率。

创新真正的社会回报率是：

$$\rho* = \frac{\dfrac{g*}{r}}{\dfrac{x}{y*}}$$

与创新社会收益的基准计算相比，相关成本衡量标准进行了两次调整。首先，相关的福利衡量标准以 $g*$ 为基础，其中纳入了卫生方面的进展。其次，它仍然是创新支出总额 x，但现在被视为人均 GDP 指标 $y*$ 的一部分。

如文中所示，使用 $y*$ 和 $g*$ 的表达式，健康增强的创新社会回报率可以写为：

$$\rho* = 1 + \left(\frac{s_h}{1-s_h}\frac{g_h}{g}\right)\frac{\frac{g}{r}}{\frac{x}{y}}$$

引理的证明

引理 1：对于知识生产函数（10），研发的边际社会回报率为 $\rho_{marginal} = (g/r)/(x/y)$。

证明：经济的产出路径是 $Y(t) = A(t)L_y(t)$，工人支付有竞争力的工资 $w(t) = A(t)$。研发支出路径为 $X(t) = w(t)L_R(t)$。按人均计算，人均收入为 $y(t) = A(t)$，人均研发支出为 $x(t) = A(t)[L_R(t)]/[L(t)]$。

我们将观测到的平衡增长路径与人均研发支出提高 $v\%$ 的反事实路径进行比较。比较观测到的收入路径 $y(t)$ 和反事实收入路径 $\hat{y}(t)$，增加创新投资的收益净现值为：

$$\begin{aligned}B(t_0) &= \int_{t_0}^{\infty}[\hat{y}(t) - y(t)]e^{-r(t-t_0)}dt \\ &= \int_{t_0}^{\infty}[\hat{A}(t) - A(t)]e^{-r(t-t_0)}dt\end{aligned} \tag{16}$$

其中反事实路径从时间 t_0 开始。将观测到的创新支出路径 $x(t)$ 与反事实创新投资路径 $\hat{x}(t)$ 进行比较，增加创新投资的成本净现值为：

$$C(t_0) = \int_{t_0}^{\infty} [\hat{x}(t) - y(t)] e^{-r(t-t_0)} dt$$

$$= (x/y) \int_{t_0}^{\infty} [\hat{A}(t)\ (1+v) - A(t)] e^{-r(t-t_0)} dt \qquad (17)$$

其中资源分配 $[L_R(t)]/[L(t)] = x/y$ 是观测到的平衡增长路径的常数，并且比反事实增长路径的常数高 $1+v$ 倍（在这种情况下也是平衡的）。

为了考虑研发的社会回报率，我们可以整合这些表达方式。使用罗默契式的只是生存函数（10），可以得到：[①]

$$A(t) = A(t_0) e^{\gamma L_R (t-t_0)}$$

$$\hat{A}(t) = A(t_0) e^{\gamma (1+v) L_R (t-t_0)}$$

对于观察到的和反事实的生产力路径。净收益从增加创新投资，得出

$$B(t_0) = \frac{A(t_0)}{r - \gamma L_R} \left[\frac{v\gamma L_R}{r - (1+v)\ \gamma L_R} \right]$$

增加创新投资带来的净成本是：

$$C(t_0) = \frac{1}{\dfrac{x}{y}} \left[\frac{A(t_0)}{r - \gamma L_R} \right] \left[\frac{v\gamma}{r - (1+v)\ \gamma L_R} \right]$$

然后，任意大小 v 调整的社会回报率为：

$$\rho_v = \frac{B(t_0)}{C(t_0)} = \frac{\dfrac{\gamma L_R}{r}}{\dfrac{x}{y}}$$

能够发现观测到的路径上的稳态增长率为 $g = \gamma L_R$。因此，

①　罗默增长模型需要恒定的人口才能实现平衡的增长路径。

可以得到如下表达式：

$$\rho_{marginal} = \frac{\dfrac{g}{r}}{\dfrac{x}{y}}$$

引理 2：对于（12）中的广义知识生产函数，研发的边际社会回报率为：

$$\rho_{marginal} = \frac{\sigma}{1 + (\sigma - \theta)\left(\dfrac{g}{r}\right)\dfrac{x}{y}}) \frac{\dfrac{g}{r}}{\dfrac{x}{y}}$$

证明：使用与引理 1 中相同的方法在此处不可行，因为一般来说，反事实路径 $\hat{A}(t)$ 不像罗默模型增长率那样简单地按照恒定比例变化。但是，反事实路径仍然具有封闭式解决方案。特别地，根据广义知识生产函数（18）：

$$A(t) = \delta A(t)^{\theta} L_R(t)^{\sigma} \tag{18}$$

这个知识生产函数是一个可分的非线性微分方程。整理等式两边，可得到如下形式的表达式：

$$\int_{-\infty}^{t} \hat{A}(\tau)^{-\theta} d\hat{A}(\tau) = \int_{-\infty}^{t_0} \delta \hat{L}_R(\tau)^{\sigma} d\tau + \int_{t_0}^{t} \delta \hat{L}_R(\tau)^{\sigma} d\tau \tag{19}$$

在反事实的路径上，研发人员的数量的表达式如下：

$$\hat{L}_R(t) = \begin{cases} L_R(t) , & t < t_0 \\ (1+v) L_R(t) , & t \geq t_0 \end{cases}$$

其中 $L_R(t) = L_R(t_0) e^{n(t-t_0)}$ 以恒定的指数速率 n 增长。因此，我们结合（19）并求解得到反事实生产力路径为：

$$\hat{A}(t) = A(t_0)\left[1 + (1+v)^{\sigma}(e^{\sigma n(t-t_0)} - 1)\right]^{\frac{1}{(1-\theta)}} \tag{20}$$

其中 $A(t_0) = \hat{A}(t_0) = \left\{ \dfrac{\left[(1-\theta)\ \delta L_R(t_0)^\sigma \right]}{\sigma n} \right\}^{\frac{1}{(1-\theta)}}$

路径 $\hat{A}(t)$ 不能轻易整合到净现值中，但仍然可以对边际社会回报率进行如下分析。首先，将社会回报率表示为：

$$\rho_v = \frac{B(t_0)}{C(t_0)} = \frac{\int_{t_0}^{\infty} (\hat{A}(t) - A(t))\ e^{-r(t-t_0)} dt}{(x/y)\int_{t_0}^{\infty} (\hat{A}(t)\quad (1+v) - A(t))\ e^{-r(t-t_0)} dt} = \frac{1}{x/y}\frac{1}{1+Q(v)}$$

其中，

$$Q(v) = \frac{\int_{t_0}^{\infty} v\hat{A}(t)\ e^{-r(t-t_0)} dt}{\int_{t_0}^{\infty} (\hat{A}(t) - A(t)) e^{-r(t-t_0)} dt}$$

对边际回报率进行求解，其中 v 很小。虽然极限的定义 $lim_{v\to 0} Q(v)$ 没有在上面的表达式中给出，但我们可以使用洛必达法则来计算：

$$lim_{v\to 0} Q(v) = lim_{v\to 0} \frac{\int_{t_0}^{\infty} \hat{A}(t)\ e^{-r(t-t_0)} dt + \int_{t_0}^{\infty} v(\partial \hat{A}(t)/\partial v)\ e^{-r(t-t_0)} dt}{\int_{t_0}^{\infty} (\partial \hat{A}(t)/\partial v)\ e^{-r(t-t_0)} dt} \quad (21)$$

利用（20）求得路径 $\hat{A}(t)$ 对 v 的导数：

$$\frac{\partial \hat{A}(t)}{\partial v} = \frac{A(t_0)}{1-\theta} \sigma(1+v)^{\sigma-1} (e^{\sigma n(t-t_0)} - 1)[\hat{A}(t)/A(t_0)]^\theta$$

对（21）中的表达式积分，其中 $\widehat{lim_{v\to 0} A(t)} = A(t)$，并且将 $Q(v)$ 的极限写为如下形式：

$$lim_{v\to 0} Q(v) = \frac{r - \theta g}{\sigma g}$$

通过一些代数，我们可以转换为如下形式：

$$\rho_{marginal} = \frac{\sigma}{1 + (\sigma - \theta)\left(\dfrac{g}{r}\right)} \frac{\dfrac{g}{r}}{\dfrac{x}{y}}$$

第 2 章

创新与人力资本政策

约翰·范·雷宁（John Van Reenen）[1]

① 约翰·范·雷宁是伦敦经济学院罗纳德·科斯学院教授，麻省理工学院
数字经济研究所研究员，美国国家经济研究局副研究员。这本书的编撰
和出版建立在与许多合作者的合作基础上，特别是尼克·布鲁姆和海
蒂·威廉姆斯。我非常感谢本·琼斯，奥斯坦·古尔斯比和一位匿名评
审的评论。这项研究得到了斯隆基金会、施密特科学、史密斯·理查森
基金会和经济与社会研究理事会的部分支持。本文内容仅由作者负责，
并不代表美国国家经济研究局的官方观点。

自 20 世纪 70 年代以来，美国的生产率增长逐步放缓，反映在总体 GDP 增长从战后年代的 4% 下降到 20 世纪 70 年代中期的 3%，再到 2000 年以来的 2% 以下。在此期间，平均实际工资增长也有所放缓，特别是受教育程度较低的工人。此外，在撰写本文时，新冠疫情对经济增长的损害超过了人类记忆中任何其他冲击。

对于像美国这样经济发达的国家来说，创新是生产力长期增长的关键因素。对于欠发达国家来说，很大程度上可以通过技术知识的传播来追赶领先国家的生产力水平。即使在较富裕的国家，许多组织也落后于技术前沿，诸如提升管理的做法（布鲁姆和范·雷恩，2007）、加速采用最新技术和减少资源错配等干预措施都是极有价值的。但是，创新政策设计是所有重振美国解决方案的关键部分，能够产生大的利益增量。

创新人力资本政策的重点在于其直接作用于供给端，增加潜在和实际创新者的数量。罗默（2001）强调了供给侧政策的优势。需求侧政策如税收抵免和政府研发资金奖励，可以有效增加企业从事研发活动的动力——在这方面有大量令人印象深刻的微观经济研究（阿克西吉特和斯坦切娃，2020；布鲁姆、威廉姆斯和范·雷，2019）。然而，如果研发人员的供应非常缺乏弹性，就会存在这样一种风险，即需求的增加只会提高研发的均衡成本，而不会增加其数量。换句话说，政府补贴只会对创新成本起作用而不会对创新数量起作用。古尔斯比（1998）汇总美国数据后发现——科学家的工资随着联邦研发支出的增加而大幅增长。微观经济分析可能会忽略这一点，因为工资增长是一种一般均衡效应，通常被标准评估中包含的时间虚拟变量所吸收。此外，由于研发人员的薪酬高于中等薪酬水平的员工，这种需求侧政策可能会加剧不平等，而且对总体创新几乎没有贡献。

现实中，研发人员的供给弹性不太可能完全固定，尤其是当我们考虑到美国的移民时（见下文）。不过，在短期研发人员的供应可能相对难以扩大，因此这些问题是真实存在的。

研发人员在供给侧数量和质量的增加会减少这些风险。除非新增加的工作人员的生产力显著低于现有研发人员，或研发人员大量"流失"到非创新活动中，否则我们预期创新会直接增加。此外，研发人员供给增加应该会降低研发的均衡成本，这意味着当企业面临更低的研发成本时，成功的供给侧政策将会进一步间接推动创新的数量。本章阐述的重点是这种人力资本供给侧政策。

本章的结构如下：第 2.1 节提供一些背景研发和劳动力统计数据；在第 2.2 节中，我们讨论了创新补贴的基本原理（以及依据）；在第 2.3 节中，我们讨论了四种人力资本供给政策的依据；第 2.4 节给出了一些结论性的意见。

2.1 背景：研发和科学工作者 ①

2015 年，美国用于研发方面的支出接近 5 000 亿美元。图 2-1 显示了主要工业化国家的研发支出占全国生产总值的比例。美国的研发支出比其他任何国家都多，约占全球研发支出的 28%。

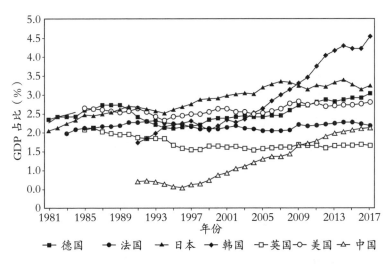

图 2-1 1981 年至 2017 年选定国家研发支出占该国 GDP 比重

资料来源：OECD（2018）。

自 1981 年以来，美国研发支出占 GDP 比重一直保持在 2.5%~2.7%（1953 年为 1.3%）。

然而从时间序列看，情况不容乐观。中国在研发强度方面显现出惊人的增长，大多数国家研发强度也有所增加。此外，美国研发支出的构成发生了显著变化：政府资金的比例急剧下降，而

① 本文中的大部分数据来自美国国家科学委员会（2018）。

私营部门对研发支出的份额上升（图 2-2）。这一变化值得重视，因为政府通常比私营部门更加支持基础性和风险较高的研究。因此从长远来看，公共研发将倾向于生产创造出具有最高知识溢出效应的发明。此外有证据表明，对于私营部门研发费用投入，基础研究相比于应用研究也有所下降（阿罗拉·贝伦和帕塔基，2018）。正如布鲁姆等人（2020）所记录的那样，公共部门和私营部门研发支出在基础研究方面的下降可能是美国研发生产率随着时间推移出现下降的原因之一。

研究机构和大学对于基础研究至关重要（主要由联邦政府资助，资助所占比例接近总数的一半）。考虑到联邦资金在各个领域的分布，提供联邦资助的学术研发的最高级机构是美国卫生与公共众服务部、美国国防部和美国国家科学基金会。

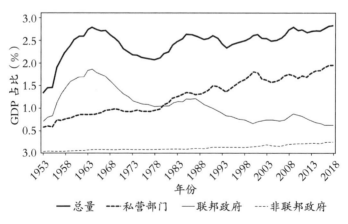

图 2-2　美国研发经费来源（1953 年至 2018 年）

资料来源：美国国家科学委员会（2018 年）。

注：研发支出按资助者分类，而不是按使用者分类。其他非联邦资助者包括但不限于高等教育、非联邦政府和其他非营利性组织。

这些统计数据关注的是研发支出，但也许对于我们对创新人力资本的关注点，与之更相关的是科学劳动力。表 2-1 表明，自 1981 年以来，美国总体劳动力中研究人员的比例在持续增长，同时研发占 GDP 比例也一样在持续增长。其 1981 年每千名职工中研究人员有约 5.3 人，2001 年有约 7.3 人，2017 年有约 9.2 人。但是其他发达经济体的增长速度更快。法国、德国和日本在 1981 年的占比较低，但近年来已超过美国。在这一时期，韩国发生了巨大的变化，每千名劳动力中研究人员数量从 2001 年的约 6.3 人增加到如今的约 15.3 人。在图 2-1 中，中国研究人员的占比看起来没有其研发支出占比令人印象深刻，但 2001 年以来，每千名劳动力中研究人员数量也从约 1.0 人增加到约 2.4 人。

表 2-1　选定国家中每千名雇员中研究人员数量

年份	美国	中国	法国	德国	韩国	日本	英国
1981	5.28	—	3.78	4.65	—	5.23	5.25
2001	7.29	1.02	6.83	6.63	6.32	9.87	6.57
2018	9.23	2.41	10.9	9.67	15.33	9.88	9.43

资料来源：OECD。

注：美国数据为 2017 年，因为 2018 年数据在撰写本文时尚未发布。

另一种计量科学工作者的方法是观察高技能签证：J-1（交流访问者）、H-1B 和 L-1（公司内部受让人）。在 1991 年至 2015 年之间，J-1 是数量增长最大的类别，人数从 15 万左右增加到了约 33 万。在同一时期，H-1B 签证量增加了约 5.2 万份，总数达到约 17.5 万份。这部分增长主要集中在非营利性研究机构、高校和政府研究实验室。

2.2　政府促进创新的案例

琼斯和萨默斯（2021）对政府应该支持研发的理由进行了相关研究，因此我们在此处简要总结了论点（有关更多详细研究，请参见布鲁姆·威廉姆斯和范·雷恩，2019）。简而言之，理论和证据都表明美国的创新工作者人数太少。

政府干预的主要理论论点是，知识具有公共产品的特征，研发也存在外部性。在创新上投入时间和资源的代理人希望看到一些回报，即使它是不确定的。然而许多社会其他部门将从中获利，而无须支付任何研发费用。其中包括模仿创新或基于发明家的研发成果所创造的知识而建立的公司。还有一些消费者享受着创新带来的益处，但其购买价格可能只占成本的一小部分。事实上，古斯塔夫·福楼拜（1911）在他的《庸见词典》中对发明家进行了悲观的定义："所有发明家都死在贫穷的房子里。其他人从他们的发明中获利，这是不公平的。"

当从事研发的公司和工人不能获得创新所产生的所有价值时，往往会出现投资不足的情况。换句话说，在分散式市场经济中，研发的社会效益将高于私人投资的效益。因此政府需要采取一些行动来促进创新，使社会收益和个人收益更趋于一致。

可能还有许多其他市场失灵显示出研发水平不够理想。例如阿罗（1962）强调金融市场失灵是由于风险、不确定性、抵押品的缺乏和创新融资时固有的信息不对称（有关实证依据，请参见霍尔和勒纳，2010）。从根本上讲，一个想要为自己的想法筹集资金的发明家必须让外部投资者相信这个想法的价值。而做到这一点的唯一方法是分享更多关于这个想法的信息，发明者自然会担心这些信息泄漏出去并被其他人（例如金融家本人）窃取，因此，研发将倾向于被公司内部资助，许多好的想法可能最终无法实现。

另一种市场失灵可以追溯到产品市场的竞争。离开教科书上的完全竞争模型，创新的一个重要激励因素是一家公司能够从另一家公司那里获得相当可观的市场份额。阿基翁和豪伊特（1992）指出，这种"商业窃取"动机与熊彼特的创造性破坏理论密切相关，是产业组织模型和内生增长理论的核心。这意味着公司可能处于研发的"军备竞赛"中，可能导致重复工作和过多研发。从社会角度看，如果经过质量调整后的价格没有大幅下跌，那么纯粹的市场份额重组就没有什么价值。例如在制药行业的某些领域，医生和患者只想要最好的药物（由于可以享受保险的原因，人们通常对价格不太敏感），导致对治疗效果没有什么提升的"模仿性"新药会让市场份额产生巨大变化。

另一个问题是，旨在推动创新激励的政策本身也会造成其他问题。例如知识产权体系为发明者创造了暂时性垄断，通过专利解决知识溢出问题。当然，这些产权本身会因为价格上涨造成消费者损失。此外许多专利可以被"规避设计"，人们无法为之提供保障。也许最令人担忧的是，为了保护知识的少量增长，专利制度可能被滥用从而产生许多障碍，例如"专利丛林"。

鉴于所有这些复杂性，研发的社会效益是否超过个人收益无法用理论知识回答。这是一个经验问题。解决问题的一种方法是案例研究。例如，有许多关于政府干预失败的案例研究（勒纳，2005），比如英法超音速协和式飞机。另外，还有许多取得重大成功的案例，比如喷气发动机、雷达、核能、全球定位系统和互联网（珍妮威，2012；马佐科诺，2013），这些发明都源于政府资助（通常用于军事支出，但也会考虑民用衍生品的溢出收益）。尽管这些历史案例很丰富，但可能很难评估，即使从格里利谢斯（1958）的著名杂种玉米分析后开始进行了更多定量的案例研究。这个问题仍然存在，格里利谢斯本人强调，很难通过案例研究总结概括，原因是它们只是因为看起来有趣和成功而被选择出来的单一技术。

关于溢出效应的现代计量经济学文献试图研究更广泛的技术、企业和行业。一个重要的文献使用了专利引用。其观点是，引用一种书面记录，表明一个想法是建立在另一个想法之上的（特拉滕贝格，1990；贾菲、特拉滕贝格和亨德森，1993；杨格非·李和范·雷宁，2011）。然而众所周知的是，并非所有创新都能获得专利，也不是所有专利都是创新。另一种方法是观察研发对生产效率的影响，不仅包括进行研究的公司，还包括对具有溢出效益的其他公司（"邻居"）的影响。关键问题是如何从经验上确定谁受益，谁无益——这是社会科学在考虑"同群效应"时的一个普遍问题（曼斯基，1993）。

布鲁姆、尚科曼和范·雷宁（2013）利用 1980 年后美国公司的面板数据，提出了一种基于"距离度量"的方法论。思路是度量出两个公司间的技术距离远近，比如用公司过去获得的技术专利类别为代理变量进行计算（贾菲，1986）。相比技术距离远的公司，技术距离近的公司之间更容易从对方的研发投入中受益。相对应地，多产品公司根据产品销售组合计算出的产品市场空间越接近，通过研发进行的商业盗窃就越可能发生。[①] 在这种情况下，产品市场空间相近的公司进行类似研发反而更可能造成伤害。根据经验，作者表明，尽管研发的知识溢出效应和商业竞争效应均显著，但知识溢出效应在数量上占主导地位。需要注意的是，一个公司的生产力变化与其相邻公司的研发增长（即使控制了该公司自己的研发和其他因素）之间呈现出的强相关性并不一定代表两者之间存在因果关系。其他因素例如需求冲击或开放的科学机会，可以推动企业自身的生产力和相邻公司的研发。为了解决这个问题，作者将创新政策的变化当作自然实验，比如企业对州和联邦研发税收抵免变化的不同风险敞口。这些政策变化成功地转移了跨公司进行研发的动机，为溢出条款生成工具变量，并使作者能够确定研发溢出的因果效应。

纵观美国经济全局，布鲁姆，尚科曼和范·雷宁（2013）发

---

① 基于距离的方法可以扩展到地理等其他维度。比如拥有共同发明人的不同公司更有可能从彼此的研发活动中受益。（莱查金等，2016）

现在 1980 年至 2000 年间研发的社会收益比个人收益高三倍不止。勒金、布鲁姆和范·雷宁（2020）用同样的方法论以及更新至 2015 年的新数据再次证明了此观点。

即使有美国政府的支持，研发的社会平均收益仍然高于个人收益（主要原因在于知识溢出效应），这一观点是当前的经验共识。

2.3　人力资本创新政策

有很多政策可用于解决创新不足的问题，本节主要考察直接的人力资本政策。

2.3.1　本科生和研究生

目前最常讨论的政策是增加接受 STEM（科学、技术、工程、数学）学科教育的人员数量，直接的办法就是资助这些学科的博士和博士后，增加对这些领域教育的支持力度；间接的方法是通过更多的、特别是对实验室的资助和支持，让这些领域的学习和后续入职变得更具吸引力。

更一般的情况下，我们可以考虑在更早的年龄段（本科、甚至学前教育到高中阶段）提高教育水平。有大量文献证实了人力资本与新兴技术（"技能偏向型技术变革"）之间存在互补性，所以人力资本增长可能会对技术变革产生正向影响（奥特、戈尔丁和卡茨，2020；范·雷宁，2011）。但是，这类文献通常侧重于研究技术的扩散（信息和通信技术的采用），而不是技术前沿的拓展。对于整个经济体的创新（而不是对某个公司）而言，研究生的资质可能更为重要。

目前针对人力资本对经济增长影响这一问题的宏观研究较为丰富（夏内西和范·雷宁 2003 年的调研），但是，由于在宏观（或行业）层面上难以找到可靠的工具变量，这类文献结论的可靠性存在争议，宏观层面大量的干扰因素让因果关系难以确定。目前已有大量文献研究了学校教育对工资的影响，但针对 STEM 工作人员这一特殊群体的相关研究还比较薄弱。

2.3.2　大学扩张

许多文献研究了大学在经济繁荣中，特别是在创新中起到的作用。这些文献的一个主要观点是，大学的建立和规模扩张增加了具有 STEM 资质的劳动力供应，然后这些劳动力增加了创新。从位置上看，那些拥有雄厚实力的理工科大学所在的位置也倾向于创造大量私营部门创新（如马萨诸塞州的 128 号公路或加利福尼亚州的硅谷）。瓦莱罗和范·雷宁（2019）通过研究 100 多个国家为期 50 年的地区数据发现，大学的成立促进了随后各年该地区人均 GDP 的增长（并对全国有溢出效应）。贾菲（1989）最早对这一领域进行了研究，其研究证实了州政府对一些特定行业大学研究的支持似乎可以促使本州产生更多公司专利。艾克、奥德斯和费尔德曼（1992）使用创新数量代替专利数据，发现大学研究的溢出效应变得更为明显。贝伦松和尚克曼（2013）、豪斯曼（2018）和安得斯（2020）等学者用更新的数据同样发现大学位置对增加其附近专利发明数量有促进作用。弗曼和麦克加维（2007）研究了学术水平较高的大学如何在1927年到1946年间推动当地工业制药实验室的增长。他们使用"赠地大学"依据《莫里尔法案》（*Morrill Acts*）获得的资助，让大学选址具有一定的外生性，从而证明这种相关性是因果关系。朱克、布鲁尔和达比（1998）发现生物技术产业的公司通常选址在大学附近，以利用其高水平科学家。

然而，除了人才供给，大学还可能通过其他渠道影响创新。第一，大学教职工有时会与当地私营企业合作进行研究，可以直接促进创新，大量研究集群效应的文献都将此作为机制之一。第二，大学可能会影响当地的民主参与度和制度，这也可能对创新产生影响。如果大学除了通过人力资本外还通过其他机制影响创新（或经济增长），那么大学就不能作为人力资本的工具变量，因为这违反了排他性约束。瓦莱罗和范·雷宁（2019）发现大学扩张与毕业生数量增加、创新数量增加和组织效力提升都有关系。当然，如果大学与创新存在因果关系的结论是通过简化式模型得到的，则具有一定意义，但是，大学对创新的促进机制可能不仅仅（甚至完全不）是通过人力资本渠道实现的。

2.3.2.1 毕业生供给

为了剖析作为STEM工作人员关键培养方的大学通过什么方式对创新产生影响，托伊瓦宁和瓦纳宁（2016）发现在芬兰的科技大学周边长大的人们成年后变成工程师的可能性更大。这些科技大学在20世纪60年代至70年代迅速扩张并提供工程学研究生教育。这也产生了更多的专利数量：平均每建立三所大学，芬兰发明家在美国专利商标局注册的专利量就会提升 20%。本着这样的目的，卡内罗、刘和萨尔瓦内斯（2018）将 20 世纪 70 年代挪威建立很多新大学的自治区与没有建立新大学的人民自发聚集区进行了比较。研究结果显示，在以 STEM 学科为主的大学建立约 10 年后，该地区研发成果会增加并且技术进步和技术转型速率也会加快。

比安基和焦尔切利（2019）对大学在增加意大利 STEM 工作人员供应量方面的作用给予了最直接的证据。STEM 专业的入学要求发生变化导致研究生人数大幅增加，创新也相应增长，尤其是在医药、化学和信息技术领域，但是，需要注意的是，他们发现很多 STEM 专业毕业生最终没有去研发部门工作，而是流向金融等其他领域。这种"渗漏"问题普遍存在于研发的供给侧，而不影响研发本身。

2.3.2.2 资助学术研究（及其他）

政府鼓励创新的方式之一是直接向研究人员或其他科研机构提供资金支持［如通过国立卫生研究院（NIH）］。将公共研发补贴发放至大学具有合理性，因为基础研究在知识溢出效应方面可能强于企业以市场为导向的应用研究。

评估研发资助是否有效的困难在于，受资助的项目、研究人员与问题是否都是最有前景的。如果是，那么即使在没有资助的情况下也可能会取得预想的成果。有时公共资助甚至会挤出私人资助。理想情况下，公共资助可以"挤入"与之相匹配的私人资助（公共资助者肯定会试图获得这种"附加收益"）。

雅各布和莱夫格伦（2011）运用断点回归（RDD）方法，使用美国国家卫生研究院关于资助申请者的行政数据，通过评估员对每位资助申请者给出的分数，将分数刚好过线、接受了大笔资助的申请者同与资助失之交臂的申请者进行比较，发现资助导致了 7% 的产出提升（5 年内多 1 项学术成果）。对评估结果偏小的一种解释是那些"恰好失去"资助的申请者通常能找到其他的资金来源。

公共研发资助能够通过多种渠道影响私营企业。首先，学术工作会对私营企业产生溢出效应。亚苏莱等（2019）利用美国国家卫生研究院对多个研究领域的资助差异，发现学术资助每增加 1 000 万美元，私营企业就能多产生 2.7 项专利。其次，政府主导的研发支出（如资助实验室）会影响私营企业发展。比如，军事研发支出通常取决于外部政治环境变化（如人造卫星、冷战结束和"9·11"恐怖袭击），莫雷蒂、斯坦温德和范·雷宁（2019）利用国防研发支出的变化发现私人研发和公共研发之间的弹性为0.4（即若私人研发增长 4%，公共研发则增长 10%），这意味着公共研发能够"挤入"私人研发。

最后，政府可以直接资助私营企业。豪厄尔（2017）对能源部小企业创新研究（SBIR）资助申请者中刚好成功与刚好失败的申请者进行了比较，发现早期（第一阶段）SBIR 资助能够让申请成功者获得未来风险投资资金（标志着商业化创新潜力）的概率翻倍，同时还能增加专利量和销售额。豪厄尔等（2021）使用断点回归方法，发现美国空军的 SBIR 资助也会增加风险投资资金、向军方的技术转移以及专利数量。

2.3.2.3 国家实验室

政府还会资助自己的实验室，这些实验室可能会在自身的专业技术领域和所在区域产生更多研究活动和工作岗位。贾菲和勒纳（2001）通过分析斯坦福大学的国家加速器实验室（SLAC）等国家实验室，证实了溢出效应的存在。赫尔姆斯和奥弗曼（2017）也通过研究英国钻石光源同步加速器国家实验室证实了溢出效应。这种溢出效应主要体现在科研活动更换地方后对局部的影响，而不是全国范围内的总体增长。

2.3.2.4 学术激励

如何设计政策才能让大学创造可商业化的创新？1980 年《拜杜法案》改变了使用公共研发资金产生的发明的所有权，赋予大学更多知识产权所有权。很多大学成立了"技术转让办公室"来促进这一过程，拉赫和尚克曼（2008）发现增加科学家拥有的知识产权所有权能够产生更多的创新。哈维德和琼斯（2018）发现在挪威，当学者拥有创新成果的完全所有权时，他们更有可能开办创业公司并取得专利。对学者的物质激励似乎能让大学产生更多创意并将其转化为真正的产品。

2.3.3 外来移民

人力资本增加的一个重要来源是外来移民。相比于其他发达国家，美国在历史上有着更开放的移民政策。移民约占美国劳动力的

14%，但占大学毕业生的 17%~18% 和拥有 STEM 博士学位劳动力的 52%。他们还拥有美国四分之一的专利和三分之一的诺贝尔奖。

克尔和克尔更详细地研究了移民与创新的关系，并调查了关于移民的政策选择。大量研究发现，美国移民（尤其是高技术移民）增加了创新。例如，亨特和高蒂尔·卢塞尔（2010）利用 1940 年到 2020 年的州际面板数据，发现移民占大学毕业生的比例每提高一个百分点，人均专利数量就会提升 9%~18%。克尔和林肯（2010）通过 H-1B 签证政策变化发现移民对创新具有积极作用，并且他们认为这种积极作用是通过移民自身的创新努力所形成。一个发明家去世会对其团队创造力产生外部冲击，伯恩斯坦等（2018）通过这一机制发现移民对本土创新有着巨大的溢出效应（亨特和高蒂尔·卢塞尔 2010 也发现了巨大的溢出效应）。

20 世纪 20 年代初，美国政府实行移民配额制度，针对不同国家设置不同的移民门槛。瑞典等北欧国家受该政策影响小于意大利等南欧国家，这种差异被用来研究移民减少如何影响创新。莫瑟和桑（2019）的传记资料数据显示，移民配额制阻碍了南欧与东欧科学家移民美国，进而减少了美国总体发明量。多兰和伊（2018）也发现了配额制度的负面影响。同样，20 世纪 30 年代被纳粹驱逐的犹太科学家来到美国，推动了美国在化学领域的创新（莫瑟、沃埃纳和瓦尔丁格，2014）。

一些研究反对移民对创新在总体上呈现积极影响这一观点。多兰、盖尔伯和伊森（2015）使用随机抽样方法研究 H-1B 签证的影响时，得到的结果小于克尔和林肯（2010）的研究。事实上，博尔哈斯和多兰（2012）证明，美国数学家的学术成果在苏联解体后有所下降，但是，他们的研究没有考虑总体效果。此外，莫瑟、沃埃纳和瓦尔丁格（2014）测算出移民对于创新的影响主要通过新的人口流入，而非改变国家已有人口。博尔哈斯和多兰（2012）的研究结果可能是学术成果发表的缺陷造成的，尤其是对期刊和学科领域范围的严格短期限制。

总的来说，通过对文献的阅读，本文认为有充分的证据表明移民能够促进创新，尤其是技术移民。由于移民的教育成本由其他国家而不是美国纳税人补贴承担，因此移民的收益与成本之比非常高。与很多其他供给侧政策不同，人力资本的增长可以很快实现，但是，放宽移民政策也会导致一些严重的政治问题（塔贝利尼，2020）。

2.3.4 提高发明家质量：消失的爱因斯坦

2.3.4.1 发明家出身的新发现

从施穆克勒（1957）对发明家出身背景的统计分析研究开始，长期以来人们一直对该领域很感兴趣。最近一些研究利用近代人口数据集记录了发明家的很多特征。贝尔等（2019）将专利文件（包含专利申请和专利授予文件）中显示姓名的个人作为发明家，而不仅仅是被授予知识产权的人（一般情况下授予人都是发明家工作的公司，而不是发明家个人）。通过考察 20 世纪 90 年代中期以来约 120 万个发明家的数据，他们发现很多群体在其中占比极低，比如女性、少数民族人群以及出生于低收入家庭的人。

贝尔等（2019a，2019b）通过匹配发明家数据与脱敏后的美国国家税务局（US IRS）数据，能够跟踪潜在发明家的整个生命周期。图 2-3 显示儿童成长为发明家的比例与父母收入百分位数之间的关系，可以看出，两者之间存在强烈的正相关关系，这表明出生于富裕的家庭能够极大地增加儿童未来成为发明家的可能性。出生在父母收入前 1% 家庭的孩子成为发明家的可能性要比出生在父母收入后 50% 家庭的孩子高出一个数量级。这并不是因为富裕家庭的孩子只会产生低质量创新，对引用率前 5% 的专利进行研究也会产生基本相同的结果。

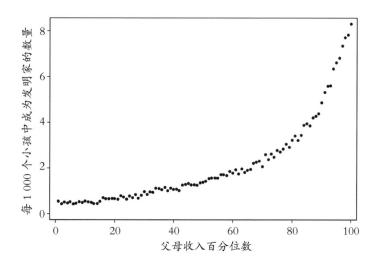

图 2-3　成为发明家的概率与父母收入的关系

图片来源：贝尔等（2019a），第 665 页；代际样本。经牛津大学出版社许可，代表哈佛大学校长和研究人员转载。

注：儿童样本为 1980 年至 1984 年出生组。父母收入是 1996 年至 2000 年的平均家庭收入。

　　由于智力和创造力相互关联，这一现象得以解释。为了验证这一假设，贝尔等（2019a）将原数据与三年级及以后的数学（和英语）考试成绩进行匹配，部分样本包含这些成绩数据。研究发现，三年级的数学成绩[1]确实与未来变成发明家的概率存在较强相关性。然而，这些考试成绩只能解释不到三分之一的创新差距，它们无法解释创新与父母收入关系中的绝大部分原因。[2]图 2-4 通过分别展示父母收入在前五分之一的孩子与后五分之四的孩子成为发明家概率与能力之间的关系来诠释这一点。不论是"富有"还是"贫穷"的孩子，成为发明家的概率都会随着其数学能力的提升而提高，对于考试成绩排在前 10% 的孩子这一现象尤为明显。但是，即使对于数学能力排在前 5% 的孩子来说，图 2-4 显示来自富裕家庭的孩子成为发明家的概率要远高于贫穷家庭的孩子。

　　有趣的是，高年级考试成绩对于儿童能否成为发明家的解释能力更强：儿童成为发明家概率与父母收入的关系中，八年级数学考试成绩能够解释近一半。当我们知道这些孩子上了哪所大学以后，父母收入的影响就很小了。当然，出生在贫穷的家庭意味

---

[1]　贝尔等（2019a，2019b）无法获得学生三年级之前的数学成绩，本文中使用的这些成绩很可能反映的是后天培养而非先天能力。正如其他研究所表明的那样，幼儿时期的经历在很小的时候就会对孩子的认知和非认知能力产生影响。

[2]　我们可以使用迪纳多、福廷和勒米厄（1996）的再加权技术，从统计学的角度"给出"富裕家庭孩子与贫困家庭孩子的数学成绩分布。

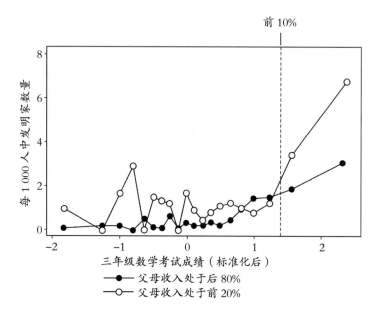

图 2-4 数学考试成绩与成为发明家概率的关系

图片来源：贝尔等（2019a），第 672 页；纽约样本。经牛津大学出版社许可，代表哈佛大学校长和研究人员转载。

着进入顶级大学的概率极低。这表明教育质量是父母收入影响孩子成为发明家的重要传导机制——在下文讨论政策时还会回到这一点。

类似情况同样适用于性别和种族（库克和孔乍龙，2010）。1980 年出生的发明家中约 18% 是女性，高于 1940 年的 7%。按照这种改善速率，还需要 118 年才能实现性别平等。从纽约市的数据来看，男生和女生的数学能力高低在三年级时基本没有差异（即使在右尾部分）。在种族方面，在纽约市公立学校就读的白人儿童中，每 1 000 人就有 1.6 人成为发明家，而黑人儿童只有 0.5

人，早期能力差异只能解释这一差别的十分之一。[①]

对图 2-3 展示出的现象，另一种解释是这是由人才错配造成的，而非能力差异。近年来，大量研究表明类似的错配导致了大量生产力的损失（塞利克，2018；谢和克莱诺，2009）。比如，谢等（2019）估算在 1960 年至 2010 年间，美国人均 GDP 增长的 40% 源于对女性和黑人的歧视减少。基于这种观点，如果弱势群体得到与他们天赋相同但更受优待的同龄人相同的机会，他们中更多的人将会从事发明家职业，进而提升总人力资本的质量和数量。例如，贝尔等（2019b）估计，通过减少此类壁垒，美国的创新总量可能会翻两番。

贝尔等（2019a）的研究证明，儿童时期与发明家接触程度的不同是弱势群体成为发明家概率低的一个重要原因。他们通过家庭环境、父母工作网络的代理变量以及孩子成长地区的创新率衡量与发明家的接触程度。研究发现，成为发明家的概率与儿童时期和发明家接触程度之间存在着密切联系。例如，图 2-5 显示在发明家较为密集的区域长大的孩子成年后更可能成为发明家。在加利福尼亚州圣何塞地区（硅谷所在地），每 1 000 名儿童中就约有 5.5 名成为发明家，而这一数值在得克萨斯州布朗斯维尔仅为 1 名。

孩子居住地与成为发明家概率之间似乎是因果关系。因为，

[①]　库克（2014）的研究显示显示，1870 年至 1940 年间的种族主义暴力导致了 1 100 项"专利损失"，而非裔美国发明家的实际专利数仅为 726 项。

在硅谷长大的孩子不但更有可能成为发明家，他们的发明还更有可能出现在硅谷专门从事的技术类别中（相比于其他类而言，比如更可能出现在软件而不是医疗设备类）。在女性发明家与男性发明家比例偏高的地区长大的女孩更有可能成为发明家（这一效应在男孩中没有这么明显）。并且，孩子移居至高创新区域的时间越早，成为发明家的可能性也就越高，再次证实了孩子的居住地变化会改变其成为发明家的概率。

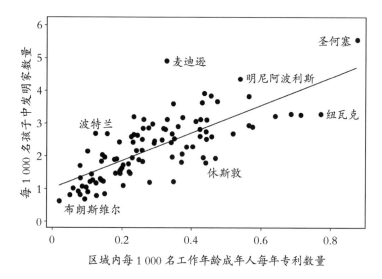

图 2-5　在"高创新"区域长大成年后更可能成为发明家

图片来源：贝尔等（2019a），第691页；100个人口最多的区域。经牛津大学出版社许可，代表哈佛大学校长和研究人员转载。

这种"基于接触程度"的关于发明的观点可能会得出比标准人才错配模型更高的福利损失。例如，在谢等（2019）的研究中，从事某种职业（本文中是研发行业）的壁垒意味着人才的损失。然而，由于他们的模型是罗伊完全理性排序模型，所以只有在完全没有壁垒时刚好能成为发明家的人才会被壁垒阻碍，像爱因斯坦或居里夫人这样伟大的发明家永远不会受壁垒影响。然而，在"基于接触程度"的模型中，即使来自贫困家庭的非常有才华的人，最终也可能无法成为发明家。贝尔等（2019b）给出了支持这一观点的证据并论证这一现象会造成巨额价值损失。

2.3.4.2 针对"消失的爱因斯坦"的一些政策

如果我们高度重视缺少发明家产生的条件而造成大量人才损失这一问题，有哪些适当的政策措施可以实行呢？

一系列传统的应对措施将重心放在改善贫困社区条件上，尤其是上学条件。这些措施本身都是有效的，但错配损失使得在原有公平论据的基础上有了新的思考。我们可以考虑将资源集中在那些最有可能受益的群体上，比如表现出 STEM 学科潜力的贫困孩子。图 2-4 显示，三年级数学成绩排名前 5% 的孩子未来极有可能成为发明家。这意味着应该研究如何设立从不受重视的少数群体中识别高成就者的项目。

一个例子是卡德和朱利亚诺（2016）的研究：他们通过考察美国最大的学区之一评估了校内追踪项目对少数群体的影响。在该学区只要校内四年级（或五年级）有至少一名"天才/高成就者"（GHA），学校必须为其设立一个单独的 GHA 班。由于大部分学校每个年级只有少数学生是天才，GHA 班里的大多数孩子都是成绩优异但不是天才的学生。这些 GHA 班就变成了根据过去成绩为学生提供进阶课程的地方。此外，实际上学生们本来就根据种族、家庭收入等因素被严格分在不同学校，导致该项目让很多本没有资格接受"天才"教育的少数群体学生受到了这种教育。

卡德和朱利亚诺（2016）使用断点回归方法检验入选 GHA 班对学生的影响，原因是能否入选主要基于过去成绩，是连续变量，并且有明确的阈值。他们发现，当学生被分配到 GHA 班后，其数学、阅读和科学成绩有了显著提升，但这些进步大部分集中在黑人和西班牙裔参与者中。少数族裔的数学和阅读成绩提升了约 0.5 个标准差，并一直持续到至少六年级（数据收集结束时期）。与安格里斯特、帕萨克和沃尔特斯（2013）测算出的"表现优异"特许学校对孩子成绩的提高程度相比，这是非常可观的提升。一个令人担忧的问题是，入选的少数族裔学生成绩提升是否以未入选学生成绩下降为代价。为解决这一问题，该研究采用双重差分模型将实行追踪项目的学校与未实行的学校进行对比分析，没有发现负面（或正面）的溢出效应，说明研究中的结果并不源于教师或同学素质的改变。在某种程度上，作者认为教师的期望对提高学生学习能力起到非常重要的作用。

实行校内追踪项目几乎没有任何财务成本，因为教师、班级和上课日的数量并没有增加。校内追踪项目主要是对现有资源的再分配。这说明，这种干预在增长和公平两方面都能获得巨大收益。

卡德和朱利亚诺（2016）研究了校内追踪项目的短期效果。相比之下，科霍德斯（2020）考察了波士顿公立学校类似项目"高级课程班"（AWC）的长期效果。三年级考试成绩优异的学生会被纳入 AWC 项目中，并拥有一个专门的教室，他们在那里与同样优秀的同学一起学习更高级别的文学和数学课程。虽然总体上进入 AWC 的学生比波士顿公立学校的全体学生来自更高的社会阶层，但 AWC 学生中还是有一半是黑人或拉丁裔，并且有三分之二的学生需要领取学校午餐补贴。

科霍德斯（2020）使用模糊断点回归的方法比较那些刚好有资格进入与刚好无法进入 AWC 的学生，从而评估该项目的效果。结果发现该项目使得少数族裔学生的高中毕业人数大幅度增加。可能更为重要的是，AWC 提升了大学入学率。该项目总体上使大学入学率提高了 15%，这些提升主要来自黑人和拉丁裔的学生。这导致黑人和拉丁裔学生的大学入学人数增加了 65%，并且大部分是四年制大学。运用切蒂等（2017）估算出的上大学增加的收入作为大学质量的衡量标准，AWC 似乎为所有学生增加了约 1 750 美元的大学质量，这一数值在黑人和拉丁裔学生中为 8 200 美元，尽管这些差异在统计上并不显著。[①]

布伊、克雷格和英伯曼（2014）的研究经常被视为反例，因为他们发现一个针对有天赋的学生实行的项目并没有效果。但是，这一研究发现该项目对学生科学成绩还是有一定影响的，这

---

① 尽管进入 AWC 会将整体学生的平均考试成绩提升 80% 的标准差，但科霍德斯（2020）发现，几乎没有证据支持这一影响是同群效应造成的。虽然 AWC 的老师产生了较高附加值，但这一变化并不能解释此处大学入学率增加。相反，AWC 似乎是一系列导致入选者能够坚持完成高中并进入大学的事件的开始。

可能是成为发明家的关键因素。此外，该研究并没有考虑项目影响在父母收入层面以及种族层面的异质性。

还有一系列针对性政策围绕导师制展开。很多非营利基金会（如勒梅尔森基金会和康拉德基金会）针对中学和高中的贫困孩子开展"发明家教育"项目。该项目的关键点在于能够让当地社区的贫困孩子亲身体验解决问题的过程，并且与自身特征相似的发明家见面（如女科学家与女孩见面）。总的来说，人们可以把该项目当作是给那些平常不会接触高创新环境的年轻人提供相关实习和工作交换的机会。

加布里埃尔、奥拉德和威尔金森（2018）对各类"接触创新"相关政策进行了高质量调查，重点关注学龄期项目。虽然这样的项目（一个主要例子是科学竞赛）有很多，但参加它们的往往都是父母收入较高的学生、男生和非少数族裔学生，并且，这些项目几乎没有接受过评估，一个当务之急就是投入精力去研究其影响。

2.4 结论

创新是增长的核心，增加潜在发明家的供应似乎是考量创新政策不可或缺的环境条件。然而现有文献倾向于更多地关注通过税收体系或政府直接拨款来提高创新需求的政策，而不是倾向于在供给侧进行干预的政策。在某种程度上这是令人惊讶的：如果供给缺乏弹性，那么需求侧政策可能对创新数量的影响不大，而可能只是增加研发科学家的工资。从另一个层面上看这也正常：供给侧政策往往需要更长周期才能更好地发挥作用，这使得它们更难进行实证评估。

在本章中，我们研究了几种不同的创新人力资本政策：增加STEM、移民改革、大学扩张和针对弱势群体的披露政策。与其他领域相比，该领域政策的因果识别更为困难，但最近已经有了一些鼓舞人心的贡献。从短期看，放开高技术移民政策可能会带来高回报。从长远看，我们认为披露政策可能产生最优结果，但在评估此类政策的有效性方面还需要进行更多工作。

在考虑采取何种政策时，重要的是仔细观察现有证据，并评估其优势和劣势。政策制定者一般会综合考虑许多其他方面，而不仅仅是一项政策的成本效益比和需要多长时间才能看到结果。首先，人们通常密切关注福利在人群和地区之间的分配。"消失的爱因斯坦"政策在这方面得分很高，因为它们既提高了总体创新，又减少了机会不平等的发生。格鲁伯和约翰逊（2019）强调，有必要在美国更广泛地推广创新补贴（如新技术中心），用来包容"落后"的地理区域，这些地区有能力受益于现有的教育，而且比沿海地区的高成本集群便宜得多。其次，我们应该考虑创新政策之间的多重互动，而不是通过经济学家每次只评估一项政策。将这些纳入增长计划需要制定一系列政策，以解决美国人面临的紧迫的挑战，特别是气候变化以及改善健康和安全的挑战。这样的增长计划可能比各个击破的方法更具政治可持续性，从长远来看可能会为人类福祉带来更大收益。

第 3 章

移民政策对美国创新创业的杠杆作用

萨里·佩卡拉·克尔，威廉·R. 克尔[1]

①　　萨里·佩卡拉·克尔（Sari Pekkala Kerr）是一名经济学家，也是韦尔斯利学院韦尔斯利妇女中心（WCW）的高级研究科学家。

威廉·R. 克尔（William R. Kerr）是哈佛商学院的达贝洛夫工商管理教授，芬兰银行研究员，以及国家经济研究局的研究助理。

本章的研究是在作者担任美国人口普查局的特殊宣誓身份研究人员时进行的。本文所表达的任何意见和结论都是作者的意见，不一定代表美国人口普查局的观点。这项研究是在联邦统计研究数据中心进行的，项目编号为 1731。所有的结果都已经过审查，以确保没有机密信息被披露。关于致谢、研究支持的来源以及作者的重大财务关系的披露（如果有的话），请参见 https://www.nber.org/books-and-chapters /innovation-and-public-policy/immigration-policy-levers-us-innovation-and-startups。

　　美国政策制定者一直致力于寻找促进创新创业的杠杆，尤其是在商业活力衰退（德克尔等人，2014）和劳动力老龄化时代，创新创业不仅可以促进经济增长，提供就业机会，还可以缓解政府财政压力。随着美国努力摆脱新冠疫情的毁灭性影响，创新创业的刺激作用日益重要。本章主要回顾了可以提高移民对美国创新创业贡献的移民制度的潜在改革。

　　政策制定者们很清楚特斯拉和 SpaceX 创始人埃隆·马斯克（Elon Musk）和微软首席执行官萨蒂亚·纳德拉（Satya Nadella）等备受瞩目的移民案例，他们的照片刊登于杂志封面，并被要求在国会面前作证。但是，他们可能还不太清楚这些突出案例背后的深层含义。移民每年开创的初创企业和专利数量约占美国的四分之一，且几十年来一直保持增长态势。第 3.1 节回顾了最近关于移民创新创业及其对美国经济产生深远影响的部分经济研究。

　　第 3.2 节讨论了美国可以促进创新的移民政策的调整。我们主要关注可行的改革，即在当前移民结构中以就业为目的对签证分配进行调整的改革。最突出的改革是用优先考虑特定用途的分配机制取代用于解决超额订阅 H-1B 签证系统问题的随机分配机制。我们还简要讨论了更全面的移民制度改革，相较于家庭团聚的目的，这可能会增加以就业为目的的移民的相对份额。

　　第 3.3 节主要关注与移民企业家相关的政策。虽然美国的签证政策涵盖了能够进行大量商业投资的个人，但与其他国家相比，美国的移民政策在接纳缺乏现有金融资本的创业者方面还存在短板（例如，一名持有 F-1 学生签证的移民大学生，想在毕业后开公司）。我们回顾了几个国家的创业签证方法、美国近期立法提案的共同特征，以及对经济潜在影响的估计。

在整个审查过程中，我们严格遵守美国国家经济研究局的指导方针，即论文不提倡特定的政策方法。主要目标是收集和展示相关政策制定者如何通过调整移民程序影响美国创新创业成果的经济研究。因此，我们不再对间接影响移民创新创业的政策进行讨论。例如，研究表明，顶级发明家在决定研究地点时对税率非常敏感。这些政策的一部分作用是通过让美国对技术移民更具吸引力发挥出来的。同样的，我们也没有量化美国移民率的整体扩张对创新创业的影响，因为大部分影响只会来自更大的经济体（克莱门斯，2011）。

在本章对移民政策的讨论中，我们的关注范围更窄，对政策制定者更具参考性。近期，美国国内外民粹主义和民族主义兴起，阻碍了多个领域的全球一体化步伐，包括技术移民和就业移民。新冠疫情之后，有关全球互联互通是否适当的争论将进一步加剧。然而，大多数发达经济体属于知识密集型经济，叠加其人口迅速老龄化的现状表明，未来几十年对全球流动性强的企业家和创新者的竞争将会加剧。了解政策可调整边界是制定国家未来移民战略和实施战略机制的重要基础。

3.1 作为创始人和创新者的移民

虽然关于移民创新创业的研究文献不是很广泛，但是如果全面回顾的话，范围依然较大。因此，本文只概述了部分非常关键的研究发现，以便为接下来的两部分内容提供重要研究背景[1]。

1.移民约占美国创新创业的四分之一。在过去二十年中，大量研究对移民在美国创新创业方面的贡献进行了量化研究[2]。具体的量化工作要难于最初设想，并因此发展出一系列的量化技术和估算方法。尽管如此，众多研究始终发现移民约占美国新企业和专利的25%。由此得出，美国移民的创新创业倾向高于其本国居民[3]。根据2016年美国社区调查，移民约占美国劳动力的14%，大学毕业生的17%~18%，特别是在科学和工程领域，移民在美国受过大学教育的劳动力中的占比为29%，占获得博士学位劳动力的52%。

2.移民对美国创新创业的巨大影响，大部分来自移民更倾向于拥有与工作相关的教育背景。亨特（2011，2015）的研究表

[1] Kerr（2019a）提供了一份长篇评论。摘要文章包括Fairlie和Lof-strom（2014），Kerr（2017），以及Kerr等人（2016，2017）。

[2] Anderson和Platzer（2006）；Azoulay等人（2020）；Bernstein等人（2019）；Brown等人（2019）；Kerr和Kerr（2017，2020）；Kerr和Lincoln（2010）；Saxenian（1999，2002）；以及Wadhwa等人（2007）。

[3] 这些不同的文献包括Borjas（1986）；Clark和Drinkwater（2000，2006）；Fairlie（2012）；Fairlie和Lofstrom（2014）；Fairlie、Zissimopoulos和Krashinsky（2010）；Hunt（2011，2015）；Lofstrom（2002）；以及Schuetze和Antecol（2007）。

明，移民的创新创业倾向主要可以通过其较高的受教育程度和对STEM 领域（科学、技术、工程和数学）的更高关注度进行解释。虽然移民在伟大的科学成就方面更具代表性 [1]——例如，他们占美国诺贝尔奖获得者的三分之一——但其对经济最显著的影响来自为从事 STEM 工作而接受培训的大量移民工人。

3. 中国和印度的移民是移民创新创业增长的强劲动力。为了在更长的时间范围内进行考察，图 3.1 使用克尔（2008）的血统名称匹配算法对在美国工作的华裔和印度裔的个人专利授权量进行了量化。从图中可以看出，1975 年，华裔和印度裔发明家所发明的专利在美国所有专利中所占比例不到 3%，但在 2018 年已经超过了 22%。正如本文稍后所讨论的，这种集中现象导致来自中国和印度的移民获得美国永久居留权的时间被长期拖延，因为美国的绿卡分配程序对出生在任何特定国家的申请人每年可以获得的绿卡数量进行了限制。

4. 移民的创新创业表现出较高的空间集聚性，没有迹象表明它们会挤占本土活动。旧金山湾区超过一半的企业家出生于国外，许多其他的技术领先集群也显示出很高的移民比例（克尔，2020）。几乎所有考察地理空间差异的实证研究均发现，高技术移民对城市本

---

[1] 见 Hart 和 Acs（2011）；Kerr（2019a，2019b）；Peri（2007）；Stephan 和 Levin（2001）；和 Wadhwa 等人（2007）。

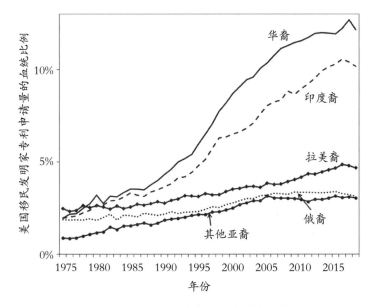

图 3-1　美国移民发明家专利申请量的血统比例

资料来源：美国专利商标局。

土创新创业活动的产出具有积极影响或没有影响①。这种集群已经从

———————

① 例如，Buchardi 等（2019）；Ghimire（2018）；Hunt 和 Gauthier- Loiselle
（2010）；Kerr（2010）；Kerr 和 Lincoln（2010）；以 及 Peri, Shih 和
Sparber（2015），Lewis 和 Peri（2015）提供了一个理论分析框架，并对
移民对当地影响的文献进行了综述。对行业或技术领域的分析并没有一
个统一结论（例如，Borjas 和 Doran 2012；Bound, Khanna 和 Morales，
2017；Doran 和 Yoon，2019；Moser 和 San，2020；Moser, V oena 和
Waldinger，2014）。Chung 和 Kalnins，2006；Fairlie、Zissimopoulos 和
Krashinsky，2010；Kerr 和 Mandorff，2015 以 及 Patel 和 Vella，2013）
都对来自就业机会较少的国家的企业家的聚集现象进行了广泛研究。
参 见 Akee、Jaeger 和 Tatsiramos（2013）、Fairlie 和 Meyer（2003） 和
Lofstrom（2002）的自主创业研究。

根本上改变了美国创新的经济地理位置，而缺乏挤出效应使得创新的这种空间集聚性得以持续性增长。在下文中会对区域签证在抵消这种集聚性方面的潜在作用进行分析。

5. 移民的贡献同样集中在企业内部，关于促进本土就业增长还是下降的研究结论不一。例如，像微软和谷歌等高科技企业雇用技术移民的程度比宝洁和波音等企业要高，这些差异在一定程度上可以用地理位置和行业进行解释。关于雇用技术移民是否会促进企业整体就业的研究具有不同的研究结果（迪莫克，Huang，和韦斯·本纳，2019；多兰，盖尔伯和伊森，2015；克尔，克尔和林肯，2015b；梅达等人，2018），正如下一节所述，这与美国签证系统的多种使用方式有关。有研究表明，高技术移民是雇主用来保持技术劳动力年轻化的手段[1]。

6. 技术移民的工资水平与技术能力相同的本地居民相当。目前，关于移民的工资水平比本地人高还是低并没有一个统一的研究结论。造成这种现象的首先是法律因素，比如对持 H-1B 签证移民的现行工资规定，限制了移民和本地人的薪酬差异程度。其次，即使技术移民比年龄和背景相似的本地人工资略低，但企业的经济情况表明，这种薪酬差异对企业雇用决定的影响程度十分有限。相反，年轻的技术移民和年长的本土工人之间的薪酬差距

---

[1] 在与 STEM 相关的工作中，本土工人被取代的过渡期似乎比其他领域更长（Kerr and Kerr 2013）。Glennon（2019）则研究了雇佣技术移民如何影响美国企业的海外运营。

更为明显，这与上文分析结论一致，即高技术移民正在成为企业保持劳动力年轻化的一种重要机制。

7. 美国的技术移民中有很大比重是以上学为目的。对美国创新创业做出突出贡献的移民分布在人生的各个阶段：例如，谷歌的谢尔盖·布林（Sergey Brin）在幼年时就已经移民，而埃隆·马斯克（Elon Musk）最初移居美国的目的是为了上大学。虽然本文关注的是移民大学毕业后的创业和就业机会，但 Kato 和 Sparber（2013）的研究结果表明，留在美国工作的机会和美国大学对移民的吸引力之间具有很强关联。同样，帮助移民从学校到工作岗位过渡的相关政策也发挥着重要作用。

3.2　创新者的签证

第 3.1 节所述的研究结果为探讨如何调整美国移民程序以提高创新创业水平奠定了基础。本节首先讨论移民在发明和创新中的作用。这些贡献的大部分是通过美国企业中的有偿雇员的行动来实现的，因此我们重点讨论与这些员工的数量和组成有关的框架。第 3.3 节考虑了移民企业家的特殊情况，他们不能很好地匹配以就业为基础的签证①。

3.2.1 美国移民制度的概述

美国的移民系统非常庞大且异常复杂，我们在此只强调几个重要的背景部分②。下文讨论的大多数政策落到国土安全部下属的美国公民及移民服务局（USCIS）上面。

除公民身份外，移民美国的终点是获得永久居留权，也称为"绿卡"。每年约有 100 万张绿卡被授予移民，其中数量最大的类

---

① 本章描述了 2020 年 4 月本章在编撰时的政策环境。从 2020 年 4 月到 2020 年 11 月，本章完成前，美国的移民政策和执法出现了一些临时和潜在的长期变化。其中一些行动是为了应对与新冠疫情有关的健康和就业问题，其他国家在大流行病蔓延期间在一定程度上限制了移民。2020 年 6 月，特朗普政府暂停向境外大多数人发放新的 H–1B 和 L–1 签证，直到 2020 年年底。这些限制是在 2020 年 4 月产生的其他限制之后进行的，一位联邦法官后来对这些限制发布了限制前禁令。同年 10 月初，特朗普政府推出了两项"临时最终"条例，放弃了正常的通知和评论期。第一项，通过劳工部（DOL），立即改变了 H–1B 雇员所需工资的计算方法，积极提高最低工资。第二项是通过国土安全部（DHS）要求 H–1B 候选人的学位与拟议的职业直接相关（例如，拥有机械工程学位的候选人不能担任指定的计算机编程工作），并将在客户或第三方地点工作的 H–1B 持有人的签证期限限制为一年。美国国土安全部的法规定于 2020 年 12 月生效，而美国劳工部和国土安全部的法规都受到了法律上的挑战。特朗普政府还颁布了一项新的规则，取消 H–1B 抽签，转而采用工资等级制度。随着拜登在 2020 年 11 月当选总统，这些变化的未来是不确定的。

② 关于入门知识，见朱莉娅·盖拉特，《解释者：美国合法移民系统如何运作》，美国移民政策研究所，2019 年 4 月。

别是基于家庭的移民。美国对公民的直系亲属（如配偶、父母和子女）团聚的绿卡没有年度限制，并且每年为扩展家庭成员提供多达 48 万个额外签证。以就业为目的发放的绿卡每年有 14 万人的上限，包括陪同员工的家庭成员。出于其他目的，如难民 / 人道主义关切，会发放少量的签证。

同时，临时签证授权个人可以在美国访问、学习和工作。这些签证被称为"非移民"是因为个人没有在美国的永久居留权。临时签证通常是永久居留权的前身，因为超过 80% 的基于就业的绿卡是签发给已经在美国生活和工作的个人。另外，许多技术移民在美国工作了一段时间，但并不打算永久居留。因此，政策制定者依赖的可能影响创新创业的手段，超出了永久居留权的范围，涵盖了临时签证，以及正如我们将在下面讨论的那样，这两种结构是如何相互配合的。本节将继续介绍以就业为目的的临时签证（相对于学习或访问）。

美国临时签证制度的一个显著特点是，它是"雇主驱动"的，这意味着像微软或通用汽车这样的公司，会选择它想雇用的工人，并为该员工申请签证。这个人可以在国外生活或工作，也可以是持有非就业签证的美国在校学生。这种由雇主驱动的方法，在概念上与基于积分的系统形成对比，后者根据潜在移民的属性（如学位、年龄、语言技能、收入）进行评分和选择。克尔（2019a）回顾了这两种方法之间的权衡，以及许多国家事实上融合了两种方法的性质。美国有一些类似于积分制的结构，为具有"特殊能力"的人提供优先的临时签证类别（和永久居留权），但大部分技术移民工人是通过临时签证入境的，而这些签证依赖于挑选移民的雇主。

这些临时的就业签证类别中，最大的部分是给从事"特殊职业"（即掌握专业知识的理论与实际应用的职业，如工程或会计）的外国技术工人签发的 H-1B 签证。几乎所有的 H-1B 签证持有者都有大学或更高的学历，而且绝大多数签证被用于计算机和 STEM 相关职业。2017 年，来自印度的移民占 H-1B 签证的72%，来自中国的移民占 13%。计算机和 STEM 相关职业对公司来说充满吸引力，这些份额的稳步上升证明了该系统的灵活性，而雇主正是以其认为合适的方式去利用此系统。

H-1B 的持有者与他们的担保公司被关联在一起，尽管改变签证的这种担保关系在政府的批准下是可行的（迪皮尤，诺兰德和索伦森，2017）。公司可以代表工人申请永久居留权。这种"双重意向"特征——一个人可以成为临时移民，但也可以申请永久居留权——对许多移民很有吸引力。H-1B 签证有效期为三年，可以续签一次。如果没有获得永久的居留权，H-1B 工人必须在第二个签证期结束时离开美国，一年后才能再次申请。

公司必须向签证持有人支付公司内该职位的现行工资或者就业领域内该职业的现行工资，以较高者为准。国会设计这些限制是为了防止 H-1B 雇主滥用他们与外国工人的关系，并保护国内工人的工资和就业。2016 年，H-1B 签证持有者的平均工资为 8万美元，但内部差距较大，从外包公司的中等技术雇员收入 6 万美元，到较高技术工人收入超过 15 万美元（克尔，2019b；鲁伊斯和 Krogstad，2018 ）[①]。

　　图 3-2 显示了每年可发放给营利性公司的新 H-1B 签证的上限。最初的 6.5 万个上限在 20 世纪 90 年代初期并没有约束力，但到了 90 年代中期就有了约束力。1998 年和 2000 年的立法大幅提高了未来 5 年的上限，达到 19.5 万个签证。这些短期增长在高科技衰退期间结束，当时的签证需求没有达到上限。2004 年的上限又回到了 6.5 万人的水平，并再次具有约束力，尽管后来通过"高级学位"豁免增加了 2 万人。截至 2020 年，总上限仍为 8.5 万人。

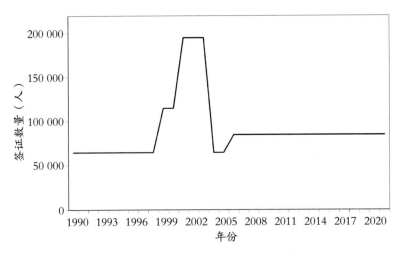

图 3-2　按财政年份 H-1B 上限的变化情况

资料来源：美国公民和移民服务局的数据。

---

① 为创新而扩大技术移民所带来的对研发人员的最低工资影响，有别于古尔斯比（Goolsbee，1998）所描述的从研发刺激措施带来的工资上涨。

另一个基于被雇主广泛使用但知名度较低的签证是 L-1。可用于跨国企业内的外国雇员的临时移民，在 2017 年有大约 7.8 万个 L-1 签证（包括续签）。只有在过去三年中至少有一年受雇于该公司的雇员才有资格，而且该签证的最长停留期为 7 年。与 H-1B 类似，L-1 是一种双重意向签证，它提供了申请绿卡的机会。耶普尔（2018）提供了关于 L-1 签证的更多讨论。

3.2.2　现有系统内的潜在改革措施

立法者提出了几项改革，可以通过或多或少地调整现有制度（即不需要本节末尾描述的全面移民改革）来促进创新创业。我们讨论这些改革，从绿卡的决定开始向后推进。

3.2.2.1 取消基于就业的永久居留权的国家上限

美国每年发放 14 万张以就业（EB，Employment-Based）为目的的绿卡，这个数字包括本人和他或她的陪同家庭成员。这不是移民发明家或企业家获得永久居留权的唯一途径，例如，非美籍人可以与美国公民结婚，并通过基于家庭的分配申请永久居留权。其他人则参加多样性抽签，向来自入境率低（对美国而言）的国家的申请人随机提供 5 万张绿卡。尽管如此，EB 分配仍是与就业相关的移民最核心和最广泛可及的渠道。

除了这些关于要颁发的绿卡类型的上限（我们将在下文全面移民改革的背景下更详细地讨论），美国制度还有一个重要的国家级上限。1990 年，美国出台的《移民法》中的一项条款（截至 2020 年仍然有效）规定，"向任何单一外国或附属地区的当地人提供的移民签证总数"不超过 7%。这项规定的部分目的是促进移民来源国家的多样性。

　　然而，其结果是，来自几个大国的就业移民等待名单很长，直到他们获得绿卡（Kahn 和麦克加维，2018）。鉴于巨大的需求，来自中国和印度的 EB 移民面临着特别长的等待时间：回想一下，85% 的 H–1B 签证流向了这两个国家的移民，图 3–1 显示了他们在美国创新增长中的突出作用。某些类别的印度移民的等待时间预计可能长达几十年（优先级和等待时间取决于 EB 类别的技能水平）。尽管 H–1B 临时签证可以让移民等待绿卡的时间延长到通常的 6 年以上（首次加续签），但漫长的等待时间损害了工人在雇主之间的流动性，以及他们开办创新企业的能力。

　　在过去十年中，众议院和参议院都曾试图修改这一政策。提案建议将国家上限从 7% 提高到 15% 或 25%，并避免有任何剩余的、未使用的签证。最近一个突出的例子是众议院和参议院提出的《2020 年高技术移民公平法案》，该法案旨在"消除对每个国家就业移民的数量限制"。该提案的不同形式在众议院和参议院获批通过，但在第 116 届国会结束会议之前没有达成一致①。

　　这种调整可能会增加美国对外国企业家和创新者的吸引力。

―――――――――――

① 本节来源于以下内容（2019 年 12 月访问）：《美国法典》1152，对个别外国的数量限制；《创业法》，S.1877，第 115 届国会记录，2017 年；《2019 年高技术移民公平法案》，S.386，第 116 届国会记录，2019 年；《2020 年高技术移民公平法案》，HR1044，第 116 届国会，2019 年；《2019 年高技术移民公平法案》（第 437 号滚动投票），国会记录，2019 年 7 月 10 日。

对于在大型组织中从事创新工作的移民来说，由于临时身份的不确定性和可能放缓的工资增长，长时间等待的前景可能会阻止移民。亨特（2017）发现，在等待绿卡处理时，流动性减少了约20%。工人流动性减弱也可能降低企业与工人之间的匹配质量，导致生产率降低。如果潜在的企业家需要通过永久居留权的过渡来开展业务，他们也会因为法律因素（签证要求），或长期定居美国所必需的信心而退缩。

3.2.2.2 增加 H–1B 签证的数量

关于临时移民，最常提出和争论的改革是提高营利性公司H–1B 计划的年度上限。截至 2020 年年初，H–1B 签证上限为 6.5万个，另外还有 2 万个签证给予拥有美国学校高级学位的个人。许多提案的签证数量上限落在 11.5 万至 19.5 万。一些著名的商业领袖，如谷歌前首席执行官埃里克·施密特（Eric Schmidt），进一步倡导无限数量的签证①。政策制定者还可以考虑将未来上限与经济状况和相关因素挂钩，这样国会就不需要花费数年时间辩论对一个名义数字的一次性调整。

---

① 施密特（Schmidt）在 2017 年说："整个美国政治系统中最愚蠢的一项政策是对 H–1B 的限制。" S. A. O'Brien："Alphabet 的埃里克·施密特（Eric Schmidt）说 H–1B 签证上限是'愚蠢的'，" CNN，2017 年 5 月 4 日。相比之下，Hira（2010）提供了一个对该计划非常怀疑的观点的例子。在 2019 年对哈佛商学院校友的调查中（Porter 等人，2019），70% 的受访者赞成将 H–1B 的上限提高 50% 或更多。在一项针对公众的平行民意调查中，30% 的民主党人和 20% 的共和党人表示对这种增长感兴趣。

这种上限的提高可能会在一定程度上刺激美国的创新。对之前有约束力的限额调整的实证和定量研究[1]证明了这一结论，尽管对 2006 年和 2007 年无限额约束年份的边际签证奖励的研究没有得出这一结论（多兰，盖尔伯和伊森，2015）。

大多数 H-1B 签证持有者并没有从事创新工作（他们在更广泛的范围内从事计算机和 STEM 相关职位），这是潜在的创新促进中最常见的反对意见。虽然这是事实，但如果整个项目扩大，创新可能会增长。正如国防部预算的扩大可能会导致更多的坦克，尽管坦克只占国防部预算的一小部分。不过，这种反对意见所反映的是，我们不知道在一个扩大计划的情况下，申请队伍的整体构成将会发生怎样的变化。这一构成可能保持不变，也可能总体上恶化（例如，如果公司申请的签证用途更边缘化），或优化（例如，如果签证的保障更大，导致移民质量更高，公司更多地优先在美国落户）。

虽然许多倡议者建议在不参考其他政策的情况下扩大限额，但政策制定者应该考虑这种扩大与移民途径的其他方面的相互作用。最重要的是，如果不调整 EB 绿卡分配的 7% 的国家上限，而只提高 H-1B 上限，那么等待绿卡的中国和印度临时签证持有者的积压仍将会大幅增加。

---

① 例如，见 Bound、Khanna 和 Morales（2017）；Kerr、Kerr 和 Lincoln（2015a、2015b）；Kerr 和 Lincoln（2010）；Mayda 等人（2018）；Peri、Shih 和 Sparber（2015）。

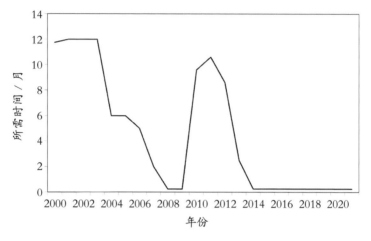

图 3-3　按财政年度划分，从申请开始日达到 H-1B 上限所需的月数

资料来源：数据来自美国公民和移民服务局。

注：2002—2003 财年没有达到上限。

3.2.2.3 调整 H-1B 签证的分配机制

其他提案还考虑了美国如何调整 H-1B 签证的分配。在 2021 财年之前，签证申请期限开始于每年的 4 月 1 日。在大多数年份里，政府在第一周内收到的申请数量超过了可用的上限。在这些申请人数过多的年份，政府的政策是在一整个星期里持续接受申请，然后对收到的申请进行抽签。如果在第一周没有达到上限，申请将按照先到先得的原则处理，直到今年晚些时候达到上限（在最后一天，美国公民及移民服务局对达到上限当天所收到的申请进行了小型抽签）。图 3-3 显示了在大多数年份申请人数达到上限的速度是多么快。截至 2019 年 4 月 5 日，美国公民及移民服务局收到了 2020 财年的 201 011 份申请①。2020 年 3 月，美国公民及移民服务局为 2021 财年实施了新的两步申请程序，从 2020 年 3 月 1 日到 2020 年 3 月 20 日进行首次注册，然后抽签选择。早期数据显示，政府收到了大约 275 000 个注册申请，再次远远超过了上限。在撰写本章时，尚不确定美国公民及移民服务局是否会在未来几年进一步修改这一新流程。

抽签有着重要的含意。抽签使申请随机化，因此，为外包公司进行基本代码测试的申请人与从事人工智能研究的申请人有着同等的机会，而后者的薪水要高出十倍。事实上，抽签系统甚至可能使申请池进一步向更普通的用途倾斜：对于一家公司来说，在知道每个申请人的总机会在 40% 的范围内时，相比于为一个稀缺技能岗位（例如，人工智能研究），为一个常规的软件开发岗位提交多个申请更容易。（相比较而言，这种抽签可能更利于提交大量 H-1B 申请的大公司，而不是那些需求更分散的小公司。）

最近的一个变化以微妙的方式改变了技能构成。美国公民及移民服务局历来在 65 000 人的常规抽签之前，为具有美国学校硕士学位的候选人进行 20 000 人的签证抽签。由于具有美国学校硕士学位的候选人可以参加这两种抽签，然而这种抽签顺序意味着具有硕士学位的候选人进入常规抽签的人数较少，因为他们已经被选中。美国公民及移民服务局颠倒了从 2020 年 4 月开始收

---

① 参见 Kumar，2000 至 2021 财政年度 H1B 签证上限达到历史图——USCIS 数据，Redbus，2021 年 2 月 3 日。

到的 2021 财年申请 H-1B 的抽签顺序。通过颠倒顺序，更多的双抽签申请人将通过 65 000 个抽签而被选择（因此将退出 20 000 个豁免抽签）。估计这一变化将使硕士学位持有者的 H-1B 数量增加 4 000 至 5 000 人。有一些人对拟议的变化提出了法律的挑战，其他人则反对抽签顺序的转变，例如，他们指出，这将使拥有非美国学校博士学位的申请人失去优先权①。Pathak，里斯·琼斯和 Sönmez（2020）对这一规则变化及其在现有 H-1B 结构下的最优性进行了广泛的分析。

完全摒弃抽签制度可能会增加 H-1B 计划的创新产出。一个经常争论的机制是根据申请人提出的工资（作为 H-1B 申请的一部分包含在内）对申请人进行排名。这种方法将使用工人的工资作为不完美的代理变量去衡量潜在移民对美国经济的价值。这种方法的一个潜在优势是该程序易于理解并传达给公众。就工资和

---

① 从申请人的角度来看，一个网站估计，新的抽签顺序将使持有美国硕士学位的人获得签证的可能性从 51% 增加到 55%，而使其他人从 38% 减少到 34%。见 AM22Tech 团队，《什么是 H1B 抽签系统，2021 年 4 月的选择机会？》，AM22Tech，2020 年 12 月 25 日。最近的重要辩论还集中在 H-4 授权上，该授权允许持有绿卡申请的 H-1B 工人的受抚养的配偶工作。截至 2020 年 4 月，美国公民及移民服务局 USCIS 正在考虑终止这一授权。一些 H-1B 持有人表示担心，如果没有第二份收入，他们将无法负担在美国的生活。目前还不清楚这一规则的变化是否会影响本章重点讨论的创新和创业成果。最后，特朗普政府采取的另外几个处理行动似乎旨在减少授予 IT 服务提供商的 H-1B 签证数量。2020 年 3 月，一家法院宣布其中几项行动无效，未来的法律路径还不确定（Anderson，2020a，2020b）。

技能相关的程度而言，这种优先排序也会显著地提高 H-1B 系统的技能含量。Sparber（2018）计算指出，这一变化将在 6 年内产生 270 亿美元的盈余，如果更优秀的人才变得更有动力去申请，收益甚至会更高。

有一些潜在的弊端需要解决。首先，工资排名自然会有利于一些价格较高的城市和行业（例如，纽约市的金融业，旧金山的科技业）而不是其他城市和行业，有利于成熟的公司而不是小公司，有利于资深工人而不是年轻工人和大学毕业生。立法者需要考虑进行哪些额外的调整来补充和支持工资排名，例如地区或职业上限、从学校到工作的过渡调整等①。其次，需要具体说明与最初用于工资排名的工资相比，随后的工资削减对临时工的地位影响。最后，工资排名也可能面临来自支持现行制度的团体的法律挑战，特别是印度外包公司，他们认为签证符合世界贸易组织的

---

① 作为独立于工资排名的潜在 H-1B 改革，地区或职业上限也被提到。这种改革，取决于它们的实施方式，如果它们将工作从技术集群转移到其他目的地区，可能会导致创新激励的降低。关于集群的相关研究包括 Audretsch 和 Feldman（1996）；Carlino 和 Kerr（2015）；Fallick、Fleischman 和 Rebitzer（2006）；Feldman 和 Kogler（2010）；Kerr 和 Robert-Nicoud（2020）；Moretti（2019）；Samila 和 Sorenson（2011）；以及 Zucker、Darby 和 Brewer（1998）。Docquier 等人（2020 年）、Nathan（2015 年）以及 Ottaviano 和 Peri（2006 年）是关于当地多样性和创新成果的工作实例。

服务贸易总协定 [1]。

另外两个建议值得注意。一个建议是可以补充工资排名的方法，为 H-1B 工人设定最低工资水平（如 100 000 美元），可能会有一个保存未使用签证的缓冲机制，当需求再次激增时，可将其添加到随后的几个年份。这些门槛将确保签证被分配给其他目的，而不仅仅是为了最小化 IT 员工成本。

另一个建议是将签证拍卖给公司（佩里，2012）。拍卖可能会带来许多与工资排名相同的技能增长和创新收益。拍卖的不同之处在于，移民产生的更多经济盈余将由政府获得，然后政府可以按其认为合适的方式使用这些资金。一个挑战是，拍卖可能会增加一些公司的 H-1B 签证的份额，这些公司往往已经是大型企业而且经营良好，它们有最大的财务能力来竞标签证。

3.2.2.4 调整从学校到工作的过渡

本章重点介绍政策改革以及它们如何影响营利性部门的创新创业。我们在此没有深入探讨移民和教育系统的潜在改革（Bound 等人，2020），这对于许多后来获得临时工作签证或 EB 绿卡的人来说是一个重要的早期途径。然而，我们注意到从学校到工作的过渡过程中存在几个重要的矛盾。

美国的高等教育相对不受限制，因为学校可以签发的学生签证（或 H-1B 工人签证，后面将讨论）的数量并没有上限。在过

---

[1]　公司内部也可能存在管理上的挑战。例如，许多公司都有职位的薪资范围，为了获得一个工人，公司可能会有压力，愿意支付更高的工资。

去的 10 年中，美国学校的外国学生数量已经膨胀到超过 100 万人。这些学生中的许多人来到美国，希望以后能在美国获得一份工作（Kato & Sparber，2013）。但是，迅速增长的学生人口对H-1B 签证的固定供应产生了压力。因此，许多移民学生通过可选的实践培训（OPT）计划获得他们的第一份工作。该计划让毕业生在美国公司工作，以获得与其专业相关的实际工作经验，工作时长在大多数领域持续长达一年，而 STEM 学位持有人则为三年。

OPT 签证延期的数量不受限制，2017 年大约有 17.5 万个有效签证。在 2000 年代，OPT 计划贡献了大约 30% 的外国出生的学生进入美国劳动力市场，如今，更多的技术移民通过 OPT 开始工作，而不是通过 H-1B 签证或永久居留权（Bound et al，2015）。然后，许多移民经历了反复尝试 H-1B 抽签的压力后，希望在他们的 OPT 失效之前被选中。如果他们的 OPT 先过期，学生就需要离开美国，除非获得不同的签证（如 O-1 或绿卡），或进入一个新的课程（如硕士学位）。由于每年签发的学生签证和交流访问签证的数量已经超过了 H-1B 签证的上限（它也涵盖了许多毕业学生以外的申请人），项目规模的不匹配已经变得非常严重。

一个重要的政策问题是，美国如何使从学校到工作的过渡顺利进行。许多国家为大学毕业的学生提供了一段时间的工作保障。即使从狭义的角度来看，应届毕业生和年轻工人也往往是财政贡献者，因为他们缴纳的税款多于领取的福利。政策制定者可能要考虑这些调整，但在上述某些改革下，这些调整也会变得很重要，设想以上调整去增加 H-1B 计划的技能含量。例如，考虑到工资排名或较高的 H-1B 最低工资的情况下，应届大学毕业生与在职员相比将处于不利地位。混合模式将为工人在需要竞争 H-1B 名额之前提供更多的确定时间。

另一个常见的建议是将绿卡与合格的美国学校所授予移民的任何高级 STEM 学位挂钩。"挂钩"提案是对学校向工作过渡这一挑战在概念上简单的回应，它可能会在一定程度上促进创新创业成果。这面临的一个挑战是，将自动权力附加到学位上可能会造成意外后果。例如，其他国家的类似政策也遇到了"文凭工厂"，这些工厂在立法者没有预料到的情况下提供合格的学位①。即使是传统的美国学校，也已经显示出它们在收入上越来越依赖外国学生的支持（伯德和特纳，2014；Bound 等人，2020）。

3.2.3　更广泛的移民结构的潜在改革

在本节结束时，我们简要地指出美国移民改革的大背景。上述建议都可能提高美国移民的创新创业产出，且不会对有利于家庭团聚的大致结构造成任何改变。2016 年，大约 12% 的美国绿卡用于就业，68% 用于家庭团聚，20% 用于其他目的（例如多样性、人道主义）。这种分配方式与其他移民水平高的国家（如加拿大）截然不同，加拿大的大部分名额是用于就业目的。全面的移民改革可以改变美国移民的总体水平（即增加或减少每

---

① 参见《英国推出新服务，帮助打击文凭制造者和学位欺诈》，ICEF 监控，2015 年 6 月 15 日。

年发放的大约 100 万张绿卡）或绿卡类型的相对分配。提议通常将这种举措与采用积分制联系起来，包括寻求减少移民的方案（如 2017 年拟议的《改革美国移民促进强劲就业法案》[①]）和寻求扩大移民的方案（如"新美国经济"的提议）。移民的水平提高或结构转向以就业为基础，很可能会促进创新创业成果。例如，亨特（2011）的研究表明，通过学生和工作签证入境的移民比通过其他签证类型入境的移民更有可能开展创新创业活动。尽管如此，这只是全面改革所需的政治、社会、文化和经济这些重要组成中的一个要素。

3.3　企业家签证

尽管过去几十年来，各国一直在采取吸引和接纳高技术移民的政策，但它们最近对吸引移民企业家的兴趣越来越大，尤其是高科技和高增长的初创企业[②]。由于美国和许多其他国家的移民创业率较高，政策制定者通常将移民视为增加潜在企业家供给的一

[①] 参见茱莉亚 - 格拉特（Julia Gelatt），《RAISE 法案。家庭移民的巨大变化，对以就业为基础的系统来说则不然。基于就业的系统，》移民政策研究所，2017 年 8 月。

[②] Anderson 和 Platzer（2006），Bengtsson 和 Hsu（2014），Fairlie（2012，2013），Gompers, Mukharlyamov 和 Xuan（2016），Hegde 和 Tumlinson（2014）同样研究了移民在风投公司和投资者中所扮演的角色。Glaeser, Kerr 和 Kerr（2015）和 Halti wanger, Jarmin 和 Miranda（2013）则分析了就业增长和新企业形成之间的关系。

种方式。由此导致新的企业家签证的涌现：例如，澳大利亚从 2012 年开始为具有创业能力的移民提供签证，英国在 2008 年推出了新的企业家签证，加拿大也在 2013 年推出了类似移民项目。

本节主要介绍美国创业签证的特殊情况。首先，本文回顾了在美国制度下，移民企业家的一些既定路径和遇到的挑战。其次，研究了其他国家创业签证的关键维度。这与对美国在过去 10 年中关于启动签证法案的立法提案的审查有关，这些提案迄今为止都未能成为法律，以及过去发生的部分改革。

3.3.1 移民创办公司的特征

用以描述移民企业家贡献的一个最新可靠的数据来源是"2014 年美国创业调查（ASE）"。2014 年 ASE 除了提出有关企业和所有者特征的标准问题外，还调查了企业的创新活动和研发工作。ASE 可以识别企业所有者的出生地，便于本文将企业所有者区分为本地所有者、移民所有者或混合所有者。本文将分析重点放在过去 5 年内新成立的公司，以与创业活动（与企业所有者之间的业务转移相比）保持一致，且其中一位现任所有者是最初的企业创始人。

表 3-1 是 2014 年美国移民企业家年度调查表。根据人口普查局的披露要求进行四舍五入计算后，完整的加权样本约为 55.7 万家企业。在这些企业样本中，完全由移民所有的企业比重是 21.3%，部分由移民所有的企业比重是 4.5%。表 3-1 中各列分别

是本报告所关注活动的企业比重。由表 3-1 可知，完全由移民所有的企业比只有本土所有者的企业在研发和创新方面的投入更多，而混合所有者的企业在研发和创新方面的投入最大，这在一定程度上是因为混合所有权的团队往往比只有本地人或移民的所有权团队更大（根据定义，混合所有权团队中必须至少有两个所有者）。拥有移民所有者的企业也更有可能寻求扩张资本。

表 3-1 的最后两行是根据创业融资的数据，筛选出来自私人风险投资或公共财政拨款等于或大于 250 000 美元的企业共 6 700 家。许多创业签证提案建议，向能够从上述任何一种外部融资来源中筹集到这笔创业资金的移民创始人提供签证。在 ASE 企业样本中，此类企业约占新企业的 1.2%。在达到这些门槛的初创企业中，完全由移民所有的企业占 13.2%，混合所有者企业占 13.8%。在 ASE 企业样本中，筹集私人风险投资或公共财政拨款金额低于 250 000 美元的企业约占 2%，并且拥有类似的移民所有权。

表 3-1 证实了移民企业家的部分重要特征，包括移民创始人的整体角色以及他们对创新活动的更强倾向性（Kahn，Mattina 和麦克加维，2017）。同时，该表内容也表明，现有移民企业家的相对比重，将符合某些提案下的签证。现有经验尚无法预测对新签证的潜在需求，但其有助于了解政策制定者希望达到的目标。

3.3.2 移民企业家之路

许多国家鼓励愿意在本国投资并提供就业机会的富人移民。美国为有意愿、有能力向美国企业投资 180 万美元的人提供

表3-1 2014年美国移民企业家年度调查表

	所有企业（1）	本地所有者（2）	移民所有者（3）	混合所有者（4）
ASE中企业的所有权构成（N=557 000）/%		74.2	21.3	4.5
已授予或正在申请专利的企业比重/%	1.5	1.3	1.3	5.1
积极进行研发支出的企业比重/%	5.5	5.1	5.9	10.3
所有者参与研发的企业比重/%	4.5	4.4	4.8	3.7
工作人员参与研发的企业比重/%	2.4	2.3	2.6	4.1
寻求扩张融资的企业比重/%	27.4	26.7	28.4	33.0
从风险投资公司寻求扩张融资的企业比重/%	1.5	1.2	1.6	5.1
ASE中创业资金和投资拨款等于或大于$250 000的企业所有权构成（N=6 700）/%	100.0	73.0	13.2	13.8
企业样本的平均投资水平/美元	1 057 000	1 020 000	1 265 000	1 050 000

注：样本包括成立于2009年至2014年的公司，且其中至少一位现任所有者是公司创始人。样本不包括创业资金来源未知或未报告自身份未知或未报告的公司。根据人口普查局（Census Bureau）的披露要求，企业数量进行加权和四舍五入。报告的百分比根据四舍五入计算。

EB-5 永久居留权，该最低投资额较 2019 年 11 月之前的 100 万美元有所增加。如果投资于所谓的目标就业地区，即农村地区或高失业率地区，最低要求为 90 万美元（此前为 50 万美元）。未来，美国移民局计划根据通货膨胀率每 5 年对该指标进行调整，且该投资必须为美国工人创造至少 10 个全职岗位。该移民项目每年最多提供 10 000 个签证名额，该名额大部分是每年进行发放[①]。

没有这些个人财富的有抱负的移民企业家，如果不是美国永久居民，则有两个主要的创业选择。第一种选择是在以 F-1 学生身份注册期间进行初步商业规划，利用 OPT 期启动和建立公司，然后通过 EB-1A 或 EB-2 国家利益豁免（NIW）类别过渡到基于就业的签证，如 O-1 或自行申请的绿卡。第二种选择是获得 H-1B 等基于就业的签证，从事初步的商业规划（不擅自雇用或违反雇用协议条款），然后从雇主或上述自我申请的选项之一中获得绿卡。布卢姆-Kohout（2016）完整阐述了以上和其他罕见移民路线的相关内容。

上述移民途径并不适合企业家。获得 O-1、EB-1A 或 EB-2 NIW 签证所涉及的法律费用、不确定性和高裁决标准，以及雇主普遍不愿帮助员工获得绿卡等原因，往往会阻碍有抱负的企业

---

① 参见美国国务院，《2018 年签证办公室报告》，https：// travel .state .gov / content /travel /en /legal /visa law0 /visa-statistics /annual-reports /report-of-the-vis-office-2018 .html；美国公民及移民服务局，"关于 EB-5 签证分类"，更新于 2021 年 3 月 25 日，https：// www .uscis .gov /working-united-states /permanent-workers / about-eb-5-visa-classification。

家。罗奇和 Skrentny（2019）的测量结果表明，在 STEM 领域，在科技初创企业工作的移民博士无论是与其本土同行相比，还是与移民表达的在初创企业中的最初愿望相比，其代表性都比较低。在另一篇文章中，罗奇、Sauermann 和 Skrentny（2020）指出，外国博士生在创业活动中具有更强的风险承受能力和更为一致的性格特征，但同时也指出，这些学生希望成为企业家的早期规划与毕业后的就业结果之间存在差距。上述作者还指出，美国移民系统在支持移民企业家方面的能力有限，可能产生了重要影响。

因此，当地涌现了许多帮助移民企业家在无需等待得到永久居留权的情况下，获得必要就业许可的尝试。根据 2000 年的《21世纪美国竞争法案》，美国国会规定高等教育机构和非营利组织不受 H-1B 签证数量上限的限制。2014 年，马萨诸塞州立法机构创建了一个企业家居留（EiR）计划，拥有高级 STEM 学位的移民企业家通过在马萨诸塞州波士顿大学和总部位于马萨诸塞州的初创企业中兼职工作，可以获得免除限制的 H-1B 签证。根据全球 EiR 联盟的数据，目前有 13 个此类项目存在于科罗拉多大学博尔德分校和密苏里大学圣路易斯分校等机构[1]。一些风险投资公

---

[1] 参见技术协作机构创新研究所，《什么是 GEIR》，https：//innovation. masstech.org/projects-and-initiatives/global-entrepreneur-residence-pilot-program；Global EIR "Global EIR Locations," https：//www.globaleir.org/global-eir-locations/。

司还设计了将与就业相关的签证赞助（企业家作为风险投资公司
的雇员工作）与货币投资相结合的方案 [①]。

3.3.3　国际案例

尽管每个国家都在宣传其创业签证的独特性，但这些签证往
往具备许多共同特征 [②]。特别是创业签证往往围绕以下一个或多
个标准提出最低要求：第一，企业的成立级别；第二，创始团队
的所有权范围；第三，企业家资格；第四，企业的经济影响；第
五，企业家的财务自主权。

企业的成立级别：各国通常要求合资企业成立的时间不得超
过一定年限，新加坡的规定是 6 个月，爱尔兰则是 6 年。各国还
要求企业家在其初创企业中投资最低数额的资金（爱尔兰至少为
7.5 万欧元）。在质的层面上，国家经常要求企业家提交一份商业

---

① 参见 Jordan Crook，《未破解的是一个新的看起来很像加速器 350 万美
元早期基金》，TechCrunch，2014 年 11 月 13 日，https://techcrunch.
com/2014/11/13/unshackled-is-a-new-3-5m-early-stage-fund-that-
looks-a-lot-like-an-accelerator/。一些地方的政策举措也试图更广泛地
吸引和欢迎移民企业家（例如，纽约市的繁荣竞赛和芝加哥的新美国人
办公室）。一些举措侧重于解决阻碍移民企业家创办或发展其企业的具
体问题（如语言障碍，难以通过法律步骤创办企业或缺乏试点项目资金
等），而其他举措则通常专注于如何吸引更多新业务。

② 本章末尾给出了本节的资料来源。本章节的在线附录更详细地阐述了
国家级别的签证计划。参见 S . P . Kerr 和 W . R . Kerr，《美国创新创业的
移民政策杠杆》，NBER 附录（剑桥，马萨诸塞州：国家经济分析局），
http://www.nber.org/data-appendix/c14424/201118-KK-Appendix.pdf。

计划书以供评估，如丹麦和西班牙。有些国家甚至可能要求企业必须得到官方机构（如英国内政部）的认可，或要求创始人提供在该国境内有专业或商业关系的证据（如瑞典）。

创始团队的所有权范围：国家通常要求申请人拥有他们企业的最低股份，瑞典和加拿大都要求创始人拥有控股权，但加拿大允许创始团队最多 5 人。

企业家资格：国家通常会对企业家的语言能力、最低水平的相关经验／最低水平的教育程度提出要求。例如，法国要求至少有硕士学位或 5 年的专业工作经验，澳大利亚要求申请者的年龄在 55 岁以下。

企业的经济影响：除了要求初创企业位于本国外，各国通常还根据其经济影响来审查企业。例如，瑞典要求初创企业在瑞典境内生产或销售其本国的服务或商品。爱尔兰要求提供能够证明实现"可以在爱尔兰创造 10 个就业岗位，并在启动后的 3~4 年内实现 100 万欧元销售额"。创业计划的证据。一些国家对有意在某些高价值领域开展业务的企业家给予优惠待遇。例如，新西兰取消了与科学、信息和通信技术或"其他高价值出口导向行业"相关企业最低 10 万新西兰元（约 7 万美元）的投资要求。泰国的创业签证是专门为 13 个优先行业的企业家量身定制的，如"下一代汽车"、"智能电子"、"农业和生物技术"和"未来食品"。

企业家的财务自主权：国家通常要求企业家出示最低的个人资产。例如，瑞典要求企业家提供可供两年内支配的 20 万瑞典克朗（约 2.3 万美元）。

各国向外国企业家提供永久居留权和公民身份的条件和途径存在差异。泰国签证每两年续签一次，但没有明确的永久居留权途径。同样，爱尔兰下发的企业家签证的初始有效期为 2 年，之后签证可以延长 3 年，然后是 5 年。但是，爱尔兰政府明确表示，其创业签证计划"不为申请成功者提供获得公民身份的优惠"。相比之下，澳大利亚为具备"2 个关键成功因素或 1 个关键成功因素和 3 个辅助成功因素"的企业家提供永久居留权。成功的关键因素包括雇用 2 名或 2 名以上的澳大利亚人，创造至少 30 万澳元（约 22.8 万美元）的年营业额，并申请临时专利。帮助申请成功的因素更多是定性的，例如"将（一个人的）创业活动融入其他商业领域"以及"获得正式奖励或认可"。

大多数东道国都希望吸引成功的企业家，但一半的初创企业在最初 5 年内均以失败告终。由于很难预测哪些企业会成功，各国通常会接纳看起来很有前途的移民企业家，然后在他们逗留期间对其进行观察。如果企业在几年内保持成功，这些有条件的签证便可以续签（或转换为永久居留证）。澳大利亚、新西兰、爱尔兰、新加坡和英国已经就该方法分别确定相应签证方案。但是，认识到以创业成功为条件发放创业签证而导致的紧张关系十分重要。政策制定者通常希望吸引具有较强就业增长潜力和经济影响的初创企业，但要想取得如此优秀的结果通常需要大量具有想法的尝试和试验（克尔、南达和罗兹 - 克罗普夫，2014）。以创业成功为条件发放创业签证，可能会促使移民创业者在获得永久居留权之前进行风险较小的投资创业。

一个相关的紧张关系点是区域分布。一些国家，如加拿大，为企业家提供签证优惠或其他激励措施，以鼓励他们在最重要的技术或经济集群之外落户。（这些政策反映出，如果企业家投资于目标就业领域，美国 EB-5 签证的投资要求就将降低。区域政策在就业签证中也很常见。）这些区域政策有助于分散受移民企业家影响的区域分布，它们可能是地方政府获得政治支持的一个重要方面。但是，限制企业家的空间选择可能会导致追求大规模增长效益的初创企业减少，这些增长效益往往更容易在重要的产业集群中实现。

3.3.4　美国创业签证计划

过去 10 年，在国会的每届会议上，民主党和共和党均在参众两院提出并支持 20 多项支持创业签证的法案。尽管绝大多数法案都得到了两党的支持，但尚无一项法案能成功从委员会通过，得到参众两院共同批准并成为法律。

多数提案宗旨都是类似的：要求国土安全部长批准一定数量的创业签证（通常是 75 000 个）给满足最低要求的企业家，该要求通常包括最低所有权（"重大所有权"或控股权），来自合格投资者或风险资本家的最低资金，和 / 或在美国产生收入和创造全职就业机会的能力。一些法案还规定，企业家必须拥有最低限度的资产，或者年收入超过美国贫困线以上的某个门槛。一些法案则要求创业者要么持有未过期的 H-1B 签证，要么具有美国学校

STEM 领域或其他相关学科的硕士学位[1]。

2013 年，在众议院和参议院提出"美国创业法案 3.0"后不久，埃温·玛瑞恩·考夫曼基金会（Ewing Marion Kauff man Foundation）发表了 Stangler 和 Konczal（2013）的一项研究，评估了创业签证对创造就业机会的影响。作者根据立法最低要求和典型的创业存活率得出了最低值，估计成立 4 年的初创企业在 10 年后将创造近 50 万个新工作岗位。进一步假设一半的创业签证公司是技术和工程公司，那它们的就业水平将超过典型行业平均水平的最低门槛，并得到一个更大的估计值，即 160 万个新就业岗位。鉴于上述研究方法没有模拟初创签证企业成为高增长、大规模并对创新、国内生产总值和生产力产生积极影响的潜力，考夫曼基金会认为其估计结果较为"保守"和"低端"。

2019 年，"创业法案"在参议院两党基础上提出，然后提交给委员会。该法案致力于授权国土安全部长向注册新企业、雇用至少 2 名全职员工、并在第一年内投资或筹集至少 10 万美元的企业家发放最多 7.5 万份"有条件移民"签证。在接下来的 3 年里，企业家将被要求平均雇用至少 5 名全职员工，以取消签证的

---

[1]　参见《吸引和保留企业家法案》，S. 3510，第 114 届国会记录，2016 年，https://www.congress.gov/bill/114th-congress/senate-bill/3510/text；《2011 年创业签证法案》，S. 565，第 112 届国会记录，2011 年，https://www.congress.gov/bill/112th-congress/senate-bill/565 /text。

条件限制①。

3.3.5　美国有关创业公司创始人的改革／修改

尽管国会提案未能在参众两院获得通过，但最近联邦层面的两项改革影响了美国移民创业的潜在活力："达纳萨尔事件"（Matter of Dhanasar）和国际企业家规则（International Entrepreneur Rule）。

2016 年 12 月，美国移民局行政上诉办公室（AAO）发布了一项名为"达纳萨尔事件"的裁决。该项决定更新了美国移民局评估国家利益豁免（NIWs）资格的分析框架，NIWs 允许移民在没有雇主担保或相关劳工证明的情况下自行申请绿卡。根据 1998 年的先例，EB-2 类别下的 NIW 申请人必须证明：①申请人的就业领域具有"实质性内在价值"。②任何来自个人努力的潜在收益将是"全国性的"。③如果需要劳工证明，国家利益将受到不利影响②。2016 年的修订部分原因是人们认为"第三条对某些申请人来说具有较大问题，比如企业家和个体经营者"。

修订后的标准要求是：①外国公民提议的事业计划既具有实

---

① 参见 2019 年第 116 届国会《创业法案》第 328 条，https://www.congress.gov/bill/116th-congress/senate-bill/328/text。

② 劳工证明需要"向美国移民局证明，没有足够的美国工人有能力、有意愿、有资格和能够接受预期就业领域的工作机会，而且雇用外国工人不会对类似就业的美国工人的工资和工作条件产生不利影响"。参见就业和培训管理局，"永久劳工认证"，美国劳工部。

质性价值，又具有国家重要性。②该外国公民有条件推进所提议的事业。③总体来说，免除对工作机会的要求，进而免除对劳工证明的要求，对美国是有利的。AAO 在其决定中特别指出，第一条"可能在商业、企业家精神等一系列领域中得到体现"。该决定还指出，美国移民局意识到"预测可行性或未来成功率可能会给申请人和美国移民局官员带来挑战，尽管许多创新创业计划具有明确的计划和有力的执行，最终依然会全部或部分失败"，而且它不"要求申请者证明其努力最终更有可能获得成功"[1]。尽管该裁决并非出于刺激美国移民创业的目的，但有效地重新确定了 EB-2 NIW 签证类别，使其现在更有利于有抱负的移民企业家。

2017 年 1 月，奥巴马政府下的国土安全部发布了《国际企业家规则》（*International Entrepreneur Rule*），该规则允许国土安全部向企业家提供长达 30 个月（2.5 年）的自由裁量假释。企业家必须：①在过去 5 年内创建的初创企业中拥有至少 10% 的所有权权益。②在实体的运营和未来增长中发挥积极和核心作用。③从政府拨款中获得至少 10 万美元的资金，或从合格的美国投资者获得至少 25 万美元的资金。④证明有业务快速增长或创造就业的巨大潜力。2017 年 7 月，国土安全部发布了一项延期规定，2018

---

[1]　参见行政上诉办公室，"达纳萨尔事件，申请人，"2016 年 12 月 27 日，https:// www .justice .gov /eoir /page /file /920996 /download；美国公民及移民服务局，"就业移民：第二优先 EB-2"，更新于 2020 年 12 月 2 日，https://www.uscis.gov/working-united-states/permanent-workers/employment-based-immigration-second-preference-eb-2。

年 5 月，美国国土安全部提议取消这一规定，"因为国土安全部认为，这一规定代表了对假释授权的过于宽泛的解释，对美国工人和投资者缺乏足够的保护，并且不是吸引和留住国际企业家的适当工具"[1]。

3.4　结论

过去几十年，移民在美国的创新创业中发挥了重要作用（克尔，2019a）。在当前的美国移民结构下，由于在关键节点上有数量上限，尤其是 H–1B 项目规模和国家对就业绿卡的授予率存在上限，上述移民贡献形式的进一步增长将面临挑战。同时，美国也缺乏与同类国家过去十年所开发的创业签证相媲美的创业签证。本章回顾了几项政策改革，这些改革可能会缓解这些限制，并促进美国未来更多的创新创业。与所有有关移民的政策选择一样，这些经济因素是更庞大的政治动态中的一个单一因素。

---

[1]　参见国土安全部，《国际企业家规则》，联邦公报，2017 年 1 月 17 日，https:// www .federalregister .gov /documents /2017 /01 /17 /2017–00481/ international–entrepreneur–rule；国土安全部，"国际企业家规则：有效日期的延迟"，联邦纪事，2017 年 7 月 11 日，https://www.federalregister.gov/ documents/2017/07/11/2017–14619/international–entrepreneur–rule–delay– of–effective–date；美国公民及移民服务局，"国际企业家假释"，2018 年 5 月 25 日更新，https://www.uscis.gov/humanitarian/humanitarian–parole/ international–entrepreneur–parole。

第 4 章

科学资助基金

皮埃尔·阿祖莱（Pierre Azoulay）和
丹尼尔·李（Danielle Li）①

① 　皮埃尔·阿祖莱 (Pierre Azoulay) 是麻省理工学院斯隆管理学院管理
学国际项目的教授，也是美国国家经济研究局的研究助理。

　　丹尼尔·李（Danielle Li）是麻省理工学院斯隆管理学院 1922 届职
业发展教授和 MIT 斯隆管理学院副教授，也是国家经济研究局的专职
研究员。

　　我们感谢本·琼斯（Ben Jones）、巴文·桑帕特（Bhaven Sampat）、
乔治·冯·格拉维尼茨（Georg von Graevenitz）和奥斯坦·古尔斯比
（Austan Goolsbee）提出的有用建议。关于致谢、研究支持的来源，以
及作者的物质经济关系的披露，请参见 https://www.nber.org/books-and-
chapters/innovation-and-public-policy/scientific-grant-funding。

诺华制药公司（Novaritis）通过数十年研究，研制出了用于治疗慢粒白血病（Chronic Myelogenous Leukemia，CML）的特效药格列卫（Gleevec）。在此之前，20 世纪 60 年代到 80 年代期间，在美国国立卫生研究院（National Institutes of Health，NIH）的资助下，学者们开展了大量关于慢粒白血病病因的研究，发现了导致酪氨酸激酶（一种常见的细胞信号分子）过度活跃的特定基因突变。这为慢粒白血病的治疗提供了一个方向，即开发抑制酪氨酸激酶的化合物，诺华制药公司的科学家以此为基础开展了进一步研究。除了治疗慢性粒细胞白血病，格列卫还发挥了概念验证的作用，开创了靶向癌症治疗的新时代（瓦普纳，2013）。

类似地，美国国家科学基金会（NSF）在资助 MCS76-74294 项目时，也没有预料到，它会为互联网商务安全奠定基础。该项目的名称为"具体计算复杂性"，是由麻省理工学院年轻的助理教授，罗纳德·里维斯特（Ronald Rivest）承担的普通项目。然而，里维斯特和他的同事阿迪·沙米尔（Adi Shamir）和伦纳德·阿德曼（Leonard Adleman）用这笔资金开发了第一个公开密钥密码系统（根据开发者姓名首字母，该系统被命名为 RSA 算法）。这促使密码学领域发生了革命性变化，也让无数应用程序通过使用数字签名进行数据传输成为可能（里维斯特、沙米尔和阿德曼，1978）。

尽管格列卫和 RSA 算法影响着经济发展的不同领域，但这类创新均具有三个基本特征。首先，尽管它们都是由私人企业开展商业转化，但它们都得益于公共部门的研究资助，包括美国国立卫生研究院、美国国防部（Department of Defense，DoD）和美国国家科学基金会。其次，这些资助的用途并没有考虑到具体的成果，而是用于遗传学和理论计算机科学领域的一般性研究，也没有对受资助者的工作提出任何所谓"有用性"的条件。最后，尽管这些被资助项目最终取得了巨大的社会收益，但是，被同一机构资助的其他项目，要么完全失败，要么只产生了较少收益。

这些特征展现了基础科学投资的希望和陷阱：尽管新兴理念具有被广泛传播和产生实质性影响的潜力，但很难预测这些理念是否能成功，何时能成功以及如何成功。此外，即使投资的价值很明确，也很难对价值进行量化。总而言之，由于投资成果缺乏可预测性和可追溯性，使得科学资助政策很脆弱。

然而，新兴研究已经证实，科学资助在促进和维持创新方面具有重要作用。例如，关于生物医学基金的研究中，阿佐莱等（2019）、李、阿佐莱和萨姆帕特（2017）的研究表明，美国国立卫生研究院的资助，为私人部门的科学发展奠定了基础。美国国立卫生研究院资助的研究成果中，超过 40% 的成果会被私人部门的专利引用。在不计算任何学术研究或培训的直接价值的情况下，美国国立卫生研究院的 1 美元资助，可以转化为私人部门 2 倍的溢出价值。豪厄尔（2017）分析了美国能源局的小企业创新研究（Small Business Innovation Research，SBIR）资助项目，结果发现，获得早期资助的企业，其后续获得风险投资（VC）的概率将翻倍，且对专利申请和收入产生了巨大而积极的影响。她的研究结果与以下观点一致：这一类型的非稀释性资金允许小企业为技术原型投资，这也就加速了学术成果转化为实用产品。

经济学家和历史学家早已认识到，在科学知识转化为有助于提升福利的创新中，制度起到了重要的作用（达斯古普塔和大卫，1994；莫基尔，2002；罗森博格，1979）。也许是研究界普遍关注的缘故，资助制度一直被视为一种不可改变、理所当然的资助基础研究的背景机构。相对于奖励或专利，资助制度极少受到学术关注，将政府资助视为独特契约手段的理论文献并不多（拉封和梯罗尔，1993），最多也就是对如何最好的使用和设计科学资助，进行程式化处理方面进行研究（加里尼和斯科奇默，2002 年；赖特，1983）。然而，越来越多的人认识到科学资助的重要性，过去十几年的实证研究也开始分析科学资助的特定模式与科学探究的速度和方向之间的关系。本章通过回顾科学资助的相关文献，试图为没受到重视但实际很重要的资助机制提出解决路径。

综上所述，我们强调三个方面。

第一，资助、专利、奖励和研究合同在研究补贴生态体系中扮演着有一定重叠但又互补的角色，当研究更具有探索性，且可能在跨领域和长时间产生溢出效应时，资助最有效。上述两个特点也是许多早期科学研究的特点。

第二，资助计划的设计必须考虑到失败的可能性。因此，要鼓励受资助者承担科学和技术风险，探索新的研究路径，而不是固守传统的安全路径。

第三，出资机构应该对资助项目进行系统性评估，即对比接受资助的科学家、研究机构或研究领域与"控制组"在研究产出方面的差异。

本章的后续安排如下。在下一节中，本文将分析在何种情况下，资助会比专利、奖励或传统采购合同等方案具有更好的效果。在简要介绍科学资助的发展历程后，我们将重点分析科学政策制定者在建立资助制度时所面临的主要设计选择：①界定资助范围和申请者资格；②建立合适的评审方案；③确定被资助者的激励方式；④评估结果。我们将讨论在不同情形下，上述流程的可选方案，以及目前存在的问题。最后，我们将讨论科学资助在研发补贴生态体系中的作用，并建议资助方使用随机控制实验来判断资助计划价值，或者决定是否要放弃计划。

4.1 为何要资助科学研究？

自万尼瓦尔·布什发表《科学：无尽的前沿》报告以来，美国的政策制定者们普遍认为，基础科学研究"为知识的实际应用提供了资金"（布什，1945）。经济学家认为，由于科学知识的公共物品属性，导致私人部门缺少足够的激励（阿罗，1962；纳尔森，1959），这也是为什么要通过公共支出资助科学研究①。

然而，公共部门支持科学研究的争论是一回事，而公共部门支持的具体形式则完全是另一回事。在本章中，我们考察了一种在发达经济体中常用的科学研究的金融支持形式：科学资助基金。

资助是为无法完全指定内容和不可签订合同的研发项目提供预付款项的行为。不同于研究奖励，出资方是在没有得到任何产出承诺的情形下支付资金。不同于贷款，出资方不能要求从失败项目中收回资金。不同于股权投资，出资方无法从成功的项目中进一步获利。不同于研究合同，出资方不对研究人员的研究成果做具体要求。不同于专利，成功的资助项目不会被授予任何市场专有权。

资助体系在实施过程面临一些挑战。学者们已经意识到资助体系固有的低效率，即没有获得资助的人员，其撰写申请计划的付出将付之东流（格罗斯和伯格斯特龙，2019）。学者们认为资

---

① 可以肯定的是，对研究的投资与提高生活水平或改善国防之间的关系，受到越来越多的政治审查（布鲁克斯，1996）。经济学家和其他社会家也对创新过程有了更细致入微的理解。随着时间的推移，他们已经开始质疑"营利性企业永远不会投资基础研究"这一假设（罗森博格，1990），并将其纳入指导理论和实证研究复杂框架之中（例如，阿祖莱、格拉夫·齐文和曼森，2011；达斯古普塔和戴维，1994）。他们也开始质疑区分"纯"研究和应用研究的有效性（斯托克斯，1997）。然而，这些思想的改进并没有推翻阿罗和纳尔森的基本观点：自由市场不太可能为科学研究提供必要的资源（伯可尼、布鲁索尼和奥尔塞尼戈，2010）。

助体系是不公平的，善于筹措资助款的个人和机构，能够获得更多的奖励（劳伦斯，2009）。同时，女性和少数族裔申请人的平均表现似乎不如白人、男性或亚裔申请人（金瑟等，2011）。有证据表明，同行评议有时会过滤掉最新颖或最有创意的研究计划（布德罗等，2016）。更糟糕的是，资助将诱导科学家把研究转向更有可能在短期内实现产出的项目（阿祖莱、格拉夫·齐文和曼森，2011）。

那么，研发补助为什么会存在？

当以下两个基础条件同时成立时，资助可能是支持基础研究最行之有效的方式。首先，当一项科学成果的社会价值超过其被私人占有的价值时；其次，无法提前指定研究解决方案的具体内容时。这两个条件也是许多探索性和早期研究的特征，也被称作"基础"或"纯"研究。我们还将讨论支持资助而非其他替代方案的两个辅助论点：当潜在的研究执行者面临财务困境时，以及投资采取通用研究基础设施（而非特定项目）的形式时。

有限的或不可取的适用性。在许多情况下，创新的社会价值远远超过发明者的收益。再次以格列卫为例，它不仅是一项科学突破，还是诺华制药公司重要收入来源。在仿制药出现之前，巅峰时期的格列卫在 2015 年为公司创造了 46.5 亿美元的收入。那么，是否是专利制度下的超额利润激励了诺华制药公司开发格列卫呢？事实上，虽然诺华制药公司在确定候选药物分子之后，投入了大量的资源来研发格列卫，但是格列卫的绝大多数前期研究和投资是在诺华制药公司的研究之前，甚至是在提出 CML 治疗方法之前（洪德，2007）。

这些基础研发投资包括，20 世纪 60 年代，用于探索癌症遗传基础的资助项目，以及 20 世纪 80 年代，用于研究血管疾病的资助项目。这类投资不太可能私下获利：当公司需要为研究项目分配资源时，没有明确的假设说明它将如何获得可商业化的药物，这意味着投资面临高风险和不确定性。此外，即使研究通过了药物开发过程中的可检验假设，也会允许其他公司在此基础上开发它们自己的（竞争性）药物①。

专利通过授予企业一段时间内的市场独占权，成为激励企业创新的天然工具。然而，专利有两个明显的缺点。首先，专利无法引导研究向超出市场预期的方向发展。其次，专利的垄断定价会造成市场扭曲：当公司获得发明授权或知识产权（IP）保护时，它们将向潜在用户收取高于竞争市场的费用。近年来，越来越多昂贵的药物，进一步凸显了市场均衡的重要性。例如，2019 年，FDA 批准了佐尔根斯马（Zolgensma）210 万美元的定价，这是针对一种罕见儿童疾病的基因疗法。尽管批评者认为这样的价格无异于敲诈勒索，但制药商反驳说，它们需要以此来补偿

① 在考虑针对穷人的创新（例如疟疾治疗）时，也存在类似的担忧：尽管解决该问题具有明显的社会价值（鉴于这种疾病对人类健康造成的巨大损失，特别是在撒哈拉以南非洲和南亚），无论是患者还是他们资金拮据的政府都无力支付解决方案的费用。鉴于这一现实，企业将其研发资源分配给那些既有能力也愿意为创新成果买单的富裕消费者将会面临挑战。

研发过程中的重大风险。类似的，虽然中等价格药物的关注度较低，但这些药物的持续小幅加价，也会导致贫困家庭和医疗保险等最终支付者的难以承受。

开放式搜索和可缔约性。当专利不合适时，为什么不采用奖励的方式呢？奖励首次取得特定研究成果的人，相比资助具有几个优势。其中，最典型的是，只有当研究成功时才会支付奖励。此外，使用奖励意味着出资者不需要通过提前评估来选择获奖者，从而可以激励更多人参与到研究工作中（默里等，2012）。

例如，2006 年，奈飞公司举办了一项公开竞赛，其奖金达到100 万美元，其目的是奖励改进推荐算法的团队，改进后的算法允许平台引导用户观看他们可能喜欢的电影，并提高用户对该服务的付费意愿。这场竞赛吸引了 2000 多个团队参赛，参赛规模是采用提前筛选参与者的资助模式无法企及的。然而，奈飞奖的模式无法在许多其他研究环境中复制。奈飞公司为参赛者提供一个大型训练数据集，并且明确提出了评估最终和中间进度的单维评价标准，即改进当前算法的均方根误差。自始至终都明确的评价标准，为参赛者提供了清晰且透明的信息（拉哈尼等，2014）。

然而，在许多其他情况下，资助者很难在没有任何方案之前，就明确获胜条件，或者承诺使用单一指标或一组狭窄的指标体系来评价成功。对于探索性研究而言，为了容易指定目标而缩小问题范围，或将解决方案的路径强加给潜在参与者，最终都可能扼杀创新，或只得到次优的解决方案。

定向搜索的一个相关问题是特定研究结果的价值最初可能并

不明显，例如，美国国家科学基金会支持下，在黄石国家公园发现了栖热菌，它在极端变化的温度条件下依然可以保持其酶特性（布罗克和弗里兹，1969）。这类项目很容易被认为是浪费科学支出的典型代表，直到 20 世纪 80 年代后期，卡琳·穆利斯和鲸鱼（Cetus）公司利用这种特性，开发了聚合酶链式反应，并在法医检测和亲子鉴定等领域得到广泛的应用，进而开创了生物技术的新纪元（斯坦，2004）。

通过对问题模式的事前限制表明，由创新竞赛主导的包括政府奖助在内的合同机制将会受到资助资金收窄的挑战，而收窄范围可能会超出支持者的承受阈值。总之，合理的条件和思想搜索的性质，是指导政策制定者在选择科学知识创造机构的有效维度。

如图 4-1 所示，资助最适合右上象限，即当与知识相关的市场回报是不可行或不可取的，且无法事先制定有价值的问题解决方案时。专利与资助在以分散方式利用科学技术进行创造的能力方面相似，但在依靠市场激励来刺激和引导投资方面有所不同。与资助类似，奖励将那些可能被市场忽略的创新成果推向市场。与资助不同的是，该机制需要对有价值的问题进行规范化以后才有效。最后，研究合同能够在"可交付成果"可以被明确指定，且专用性不强的情况下能够起到良好效果（例如，在国防系统中，一个大型付费客户可以明确指定目标，并对未实现目标的委托方进行处罚）。

本节最后，我们将讨论两个促使出资方支持研发资助而非其他机制的论点。

独占性

	切实可行 / 有需求	不可行 / 无需求
开放式	专利	资助
指定式	研究合同	奖励

思想搜索性质

图 4-1　研究补贴的创新生态

财务限制。在研究人员资金有限的情况下，资助可能特别有效。当研发工作取得成功时，专利和奖励会激励创新者的研发投入。基于这种思路，创新者需要提前投入资金并承担风险。这可能会限制参与研发的人员和组织，以及他们所从事研发的性质。但大量的金融相关文献表明，即使存在债务和股票市场，金融摩擦仍然会导致各类公司创新投资不足，尤其是高风险项目（弗鲁特、沙尔夫斯泰因和斯坦，1993；豪厄尔，2017；克里格、李和帕帕尼古拉乌，2018；南达和罗兹－克洛夫，2016）。风险投资者通常使用"融资风险"来描述那些看似良好的项目，且无法获得其持续探索的投资。利用高成本的方案设计和实验检验来降低不确定性的做法，解释了为什么风险投资活动被限制在小部分行业（克尔和南达，2015）。

尽管对公司有限制，但财务限制使得个别寻求资金支持的科学家望而却步，特别是那些需要专业资产设备（如凝聚态物理）或昂贵材料（如具有特定遗传特征的老鼠）的领域。如果没有资助，青年科学家就不可能建立自己的实验室和拥有独立研究身份。虽然有些大学可以为新员工提供"启动计划"，但对于大多数机构来说，在没有外部资助的情况下，研究人员获得的支持非常有限（斯蒂芬，2012）。依赖本机构的资金支持很可能会扩大学科差距，进而不利于那些本就不富裕的学术机构提升学术能力。

支持人力资本和其他研究的"基础设施"。因为一个给定的研究方向，其潜力很难预测，且可能随着时间的推移而发生变化，所以投资特定研究项目的回报，可能低于投资物质资本或者人力资本等形式的"基础设施"。

在这方面，专利、合同和奖励都不是有用的工具，因为它们必然指向特定的目的。相比之下，研究资助则更加灵活。虽然它们经常被用于资助项目（如 R01 项目，由美国国立卫生研究院授予的传统资助项目），但它们也可以用于资助机构（例如，在能源部资助下，布鲁克海文国家实验室的同步加速器建设了一个新的光源）或公共产品（例如，斯隆基金会资助了数字巡天计划，该计划创建了详细的、开放获取的三维宇宙地图）。

对科学培训和学徒制的投资通常也通过资助的方式提供资金。例如，斯坦福大学的研究生谢尔盖·布林（Sergey Brin）与拉里·佩奇（Larry Page）在美国国家科学基金会的论文奖学金的支持下，合作设计出了"网络爬虫（BackRub）"。作为互联网搜索引擎的雏形，"网络爬虫"可以利用页面之间的超链接为2400 万个网页制定一个"重要性"排名（佩奇等，1998）。截止到 1998 年，佩奇和布林获得的资金，足以支撑他们走出校园，并成立谷歌公司，来继续发展这项不断增长的业务（哈特，2004）。至少在美国，几乎所有的科学学徒都是通过资助的方式被提供资金，无论是以个人奖学金的形式，还是以资助特定机构的培训，或间接的在传统项目中增加预算。

总而言之，我们认为，当研究结果是开放的，且追求最大范围溢出效应时，科学资助是一种特别有效的支持研究的方式，比如政府资助的研究。这些被资助项目符合"基础"或探索性研究的特性，也是创新生态系统的基石。

4.2 科学资助简史

既然资助如此重要，那么出资方应该如何组织开展资助？在这一节中，我们将分析历史上的科学研究是如何获得支持的，并重点关注以同行评议为基础的资助体系的起源，这种方式已经成了科学资助的主流。

现代科学资助最早可以追溯到古代和近代早期在欧洲、亚洲和中东广泛实行的资助制度。例如，像伽利略这样的科学家，追求"实验哲学"的知识意味着获得富人的支持，而这些人的慷慨资助是基于功利主义和追求地位。获得持续资助的代价是，将研究方向偏向出资者认为有品位或有声望的话题（韦斯特福尔，1985）。

随着时间的推移，科学家们对资金的要求越来越高，便开始寻求公共支持。在欧洲，财政支持具有多种形式，经历了从在历史悠久的大学中建立科学系，到建立独立的"校内"研究机构，例如，那些不进行教学活动的研究机构，德国物理技术学院（卡恩，1982）或法国巴斯德研究所（哈格和莫特，2010）。

来自法国科学院的鼓励，1831—1850 年。最早有记载的资助制度出现在蒙提翁男爵（Baron de Montyon）的巨额遗产捐赠后，由总部位于巴黎的法国科学院（Académie des Sciences）管理。法国科学院意识到，传统的奖金在资助有前途但不太成熟的学者的研究能力方面受限，便借助蒙提翁捐赠资助的灵活性，将传统的奖金转变为"鼓励"资助。虽然这种资助数额较小，但可以拓展活跃的研究人员数量。尽管过程不够正式（早期获奖者的名字没有在学院的资助款项中公布），但它有效避免了疑似或实际的腐败案件（克罗斯兰和加尔维斯，1989）。然而，整个 19 世纪，法国科学院都在努力说服富有的捐赠者，放弃对"不可分割的"巨额奖金的偏好，转而支持这些可分割的鼓励性资助。

皇家学会的经验，1849—1914 年。由英国皇家学会管理的"政府资助"也是现代资助制度的先驱。在该项目存在的 64 年里，总共资助了 938 名科学家的 2316 个研究项目。1851 年，其资助项目占英国议会科学资助总额的 50% 左右；一战前夕资助份额下降到 9%，随后被终止（麦克劳德，1971）。尽管它主要资助伦敦及周边地区的学会成员，但遴选流程逐渐演变成同行评审的雏形。在面对最初的偏见指控后，学会对遴选流程进行了改革，建立了四年任期的学科专业委员会制度。

最终，维多利亚时代的政府资助出现萎缩，一方面是因为受托人对扩大资助范围的矛盾心理（担心更充裕的预算会让政府介入皇家学会事务），另一方面是因为大学的影响力越来越大。经过 40 年的时间和一场世界大战，大西洋的另一边出现了科学资助复兴的机会窗口。

慈善基金会的兴起。第二次世界大战之前，美国的科学基金主要由卡内基基金会、古根海姆基金会和洛克菲勒基金会等主导。联邦政府和大型工业企业，如杜邦、通用电气和美国电话电报公司（AT&T），在科学研究方面的投入可能更大，但它们并不通过资助的形式进行，而是自己花钱设计并开展研究[①]。

科学基金会的工作人员由专业的"科学经理"组成，他们构建了私人网络，并以此来了解科学家和相关领域的支持价值，但他们的资助对象是机构（特别是大学内的科学部门），而不是单个科学家（科勒，1976）。20 世纪 30 年代初，美国经济大萧条及其相关的财政压力迫使洛克菲勒基金会暂停了其机构资助计划，转向三年资助期的"项目资助"，每年经费为 6700 美元（经通胀调整后约为 12.5 万美元）（霍夫施奈德，2015）[②]。然而，这一计划与现代政府资助的相似处较少。资助当局不依赖同行评审，也不

---

① 例如，美国国立卫生研究院的校内校区可以追溯到 1887 年建立的海军医院服务部中，只有一个房间的"卫生实验室"。

② 把重点放在单个研究人员而不是学术部门上的做法，遭到了负责遴选的工作人员的抵制。洛克菲勒基金会的主要官员之一艾伦·格雷格在 1937 年的一份备忘录中明确反对这种做法，他说，资助相当于建立了一个"巨大的鸡饲料药房"（霍夫施奈德，2015，280）。这个备忘录提到一个具有先见之明的警示，"短期资助的不确定性是对受资助者的诚意甚至是智商的侮辱，而且也是对长期规划的嘲讽"（施奈德，2015，309）。

要求在公开竞争。相反，它们在选择资助项目中具有相当大的自由裁量权。不出所料，这种非正式的做法会强化科学精英的权力（巴拉尼，2018，2019）。

二战后的过渡。在第二次世界大战后不久，随着美国卫生与公众服务部的官员们将采购特定研究产品的战时战略，转变为更广泛的资助计划，由研究者发起的、可更新的、同行评审的科学资助以现代化形式出现。

在第二次世界大战期间，美国政府通过设立科学研究与发展办公室来协调军事的科学研究，而科学研究与发展办公室资助的生物医学研究合同的即将到期，为科学资助的发展提供了机会窗口。经过大量的官僚斗争后（福克斯，1987），美国卫生与公众服务部的工作人员将这些即将到期的生物医学研究合同转移到美国国立卫生研究院，并将这些资助转变为"合同资助（contract grants）"，以此来制造概念上的模糊。

1946 年中期，美国卫生与公众服务部工作人员利用 1944 年颁布的《国家癌症法案》授予美国国立卫生研究院的权力，为科学资助奠定了基础。包括创建了 16 个研究部门，这些部门在学术委员会监督下，审查个人申请提案的科学价值，并决定最终的受资助者名单（范·斯莱克，1946）；建立受资助者的薪资水平和购买设备的规则；承诺保护调查人员的自由审查权；以及确定8% 的间接费用率而不是资助的直接成本，以尽量减少"对不太富裕的机构，为建立研究项目而对行政运作产生负担的不公平"（福克斯，1987）。随着时间的推移，针对具体领域研究实施补充政策，以适应更加广泛的研究主题（迈尔斯。2020）。

到 20 世纪 40 年代末，美国国立卫生研究院的外部资助计划使其成为医学研究领域的佼佼者，医疗研究经费占联邦基金的一半以上。由于大多受资助者来自地位较低的机构，这些机构在研究部门 [①] 缺少代表。美国国立卫生研究院不仅得到了国会的持续支持，也得到了研究界的广泛支持（芒格，1960；斯特里克兰，1989）。这种模式的成功，在很大程度上解释了美国国家科学基金会的资助模式。美国国家科学基金会成立于 1950 年，尽管在其成立初期，同行评议的作用相对较小，但资助由大学研究人员发起的研究提案依然是其主要的合同机制（鲍德温，2018）。

现代的发展。自 20 世纪 50 年代以来，科学资助已经扩散到美国联邦政府的其他部门（如能源部、国防部和农业部），州政府（如加州再生医学研究所），以及非营利性部门（例如，美国癌症协会、比尔和梅林达·盖茨基金会、霍华德·休斯医学研究所、陈－扎克伯格倡议等）。然而，这种模式在美国以外的市场，扩散比较缓慢。2007 年，欧盟成立了欧洲研究理事会（ERC），将 75 亿欧元的预算用来尝试美国国立卫生研究院和美国国家科学基金会的开创性做法（科尼格，2017）。有趣的是，在欧洲研究理事会成立之前，资助在欧洲国家的科学补助中并未占据重要地位。这表明，必须达到一定规模以后，每年处理数万份申请的同行评议系统的管理成本的合理性，才能得到充分论证。

---

① 研究部门是负责评估资助提案科学价值的常设委员会。

在发达经济体中，"外部"资助体系（如由美国国家科学基金会或欧洲研究理事会运营的那些）与"内部"机构（如美国国家实验室、法国国家科学研究中心、德国马克斯·普朗克研究所或日本理化研究所）共存，在这些机构中，资金的分配是层层行政审批程序的结果。第一步，每个研究所或实验室的总体预算是政治博弈的结果，反映了国家的优先事项、历史资助和实验室领导与高级公务员的影响力。第二步，是一个官僚化程序，将资金分拨给每个研究所的特定实验室，实验室是由科学家、技术人员和博士后组成的中型团队，并有一名主管负责管理。第三步，主管对具体项目预算分配进行决策。

据我们所知，迄今为止，并没有经验证据表明，通过分散的、由研究者发起的外部资助，与通过决策层筛选的内部资助之间存在优劣之分。与存在距离而无法获得"软信息"的同行评议相比，等级制度能够获得更多关于机构内部科学家所推荐项目和计划质量好坏的信息。当然，另一个问题是，由于每个机构内部对资源的争夺是零和博弈，评审领导容易受到问责制度不完善的影响。在本章的其余部分，将把注意力放在外部资助体系的设计上。

4.3　资助项目设计指南

正如引言中所说，在支持重要创新方面，许多资助计划起到了重要作用。本节中，我们将探讨决策者在建立或改革科学资助体系时所面临的问题。我们特别描述了当前知识状态，并突出相关要素的开放性问题：制定目标和期望，选择支持的范围，选择申请人，监控受资助者的活动，支持转化和商业化的相关努力，最后评估资助计划的整体影响。正如史蒂芬（2012）所做的有信服力的记录，资助资金的可获得性和特性，在塑造科学家职业生涯和研究激励方面发挥着重要作用。

4.3.1 制定目标和期望

投资科学研究需要有耐心和对失败的容忍。想象一下，一个预算为 100 万美元的项目，有 0.00001% 的机会治愈癌症。但实际中，很少有个人组织具备这种风险承受能力：在 99.99999% 失败率的项目上投资 100 万美元。

让我们想象一下，有 20 万个这样的潜在项目，所有项目的成功率都是 0.00001%。如果它们成功的概率是相互独立的，那么这些项目加起来就有 87% 成功率，共计 2000 亿美元的投资。鉴于癌症治疗方法巨大的社会价值，几乎所有人都认为，这是一项有价值的投资组合。然而，风险厌恶型投资者不太可能将 100 万美元投资作为独立项目进行投资。

正如这个简单的例子，由政府机构、私营部门企业或非营利实体支持的投资方，把投资视为更广泛的社会项目组合的一部分是至关重要的（古丁、哈特富尔和马利克，2016）。即使个别项目的失败率很高，但同一项目的不同投资组合所固有的风险可能很低，从社会的观点来看，整体效果是值得的。

同样的投资组合逻辑也可以扩展到资助机构和程序的设计中：

创建多样化的资助机制是至关重要的，这种机制涉及所支持的科学研究领域、时间范围和风险偏好，以及资金分配者的专业知识和经验。

4.3.2　界定项目范围

资助者必须首先确定支持的研究类型。这个决定有"横向"和"纵向"两个维度。横向上，资助者必须选择一个或一组要支持的研究领域（例如，一组疾病领域）。纵向上，资助者必须确定在整个研究"价值链"上的关注点（例如，关注早期阶段而不是扩大规模的研究）。从投资组合的视角来看，资助项目的生态系统能尽可能多地覆盖研究领域是非常重要的（例如，一些出资方专注于成熟的研究领域，而另一些侧重启动新的研究领域）。

强化投资组合思维的一个显而易见的方法是，投资方寻找知识的"空白领域"——迄今为止尚未受到公众或私人关注的科学领域。然而，辨别"空白领域"是科学机会稀缺还是资源稀缺，是一个关键问题。事实上，这是一个自我强化过程：一些领域可能因为缺乏进展而得不到资助，但缺乏进展本身可能是由于长期缺乏支持所导致的[1]。

---

[1]　"空白领域"也可以表现出地理维度。甘古利（2017）研究了一个由乔治·索罗斯资助的项目，在苏联解体后不久，公众对科学的支持几乎消失殆尽的情况下，该项目向 28 000 多名苏联科学家提供了资助。这些资助不仅使学术著作的出版量增加了一倍多，还促使科学家们留在了科学领域。

　　鉴于上述因素，开拓新的研究领域可能需要专注和持续的努力。1958 年，美国国立卫生研究院的研究资助部门设立了一个专门研究遗传学的部门。除了招募杰出的科学家担任成员外，新的遗传学研究部门还通过组织专题研讨会来确定这一新兴领域的研究标准，并通过研讨会编纂了关于遗传学研究关键方法的书籍。在此之后的 20 年里，该领域相关的应用增加了一个数量级（克罗和欧文，2000）。

　　今天，可能需要以类似"空白领域"的方式，来探索阿尔茨海默病的替代疗法。在阿尔茨海默病领域，长期存在这样一个假说，一种叫作 β - 淀粉样蛋白的蛋白质片段在大脑中积累，进而产生了杀死神经元的团块，并导致紊乱。多年来，美国国立卫生研究院对阿尔茨海默病的资助主要集中在这种淀粉样蛋白假说的研究上，而对以氧化应激、神经炎症和另一种名为 tau 的蛋白质为中心的其他研究流派的研究资助较少（贝格利，2019）。基于淀粉样蛋白备选药物的不断失败，使得阿尔茨海默病研究团体越来越认识到，培养一套多样化的治疗假说的重要性。

　　不愿意或缺乏资源致力于解决研究空白的出资方，可以通过资助成熟领域来产生深远的影响。这种方式有助于强化知识溢出效应。事实上，知识生产的一个特征是，思想一旦产生，就会自主地投入到他人的研究之中。当出资方支持一个相对活跃的研究领域时，他们资助的科学家可以通过学习和拓展同领域的研究成果，进而产生更大的影响。

　　然而，这种方法也可能会导致过度的重复工作。例如，在

"优先竞赛"中，为了竞争成为某项成果的首发者，不同的科学家团队会对工作内容进行保密（希尔和斯坦，2020）。一种平衡知识溢出和避免重复的方法是，同时考虑研究主题和垂直研究类型的研究空白。例如，美国国立卫生研究院是生物医学研究的主要资助者，特别是在"成熟的基础研究"方面（即有足够的初步证据来证明其概念的合理性，但不能直接应用的项目）。鉴于此，新的资助方可能将它们的工作定位于美国国立卫生研究院的"上游"，通过提供种子资金来消除早期想法的风险，使科学家产生必要的初步发现，以获得美国国立卫生研究院的后续资助。或者，它们可以考虑定位"下游"，通过支持转化基础设施来帮助科学走出实验室。

4.3.3　确定研究重点

在确定了资助计划的一般范围之后，出资方必须确定如何在资助领域内设置研究重点。广义上说，出资方可以采取"自上而下"或"任务导向"的模式（例如，先在内部确定研究重点，然后寻找与之相关的申请提案），也可以采取"自下而上"或"由研究者发起"的模式（例如，先让申请者提交研究项目，然后再确定研究重点）。

两种模型在实践中都有应用。以美国国防高级研究计划局为蓝本的联邦机构家族通常是自上而下运作的。例如，美国国防高级研究计划局—能源项目（ARPA-E）发现了半导体材料能源研究的空白，为此设计了一个名为 SWITCHES 的资助计划，该计划专注于开发高电压（200~2000V）、高电流功率半导体器件和电路，达到一定规模后，可以在电子电力领域获得可靠的突破性性能，包括更高的效率、更高的开关频率（因此有更小的封装）和更高的温度操作（ARPA-E，2013）。在这种项目中，由出资方确定研究重点，然后围绕这一主题征集申请者。

相比之下，美国国立卫生研究院这类机构基本上是自下而上运作，即依靠研究者发起的资助。申请人可以就广泛的主题和方法提交申请提案，然后在该机构的 178 个特许研究部门中进行同行评审（例如，"突触、细胞骨架和传输""行为遗传学和流行病学"或"儿童精神病理学和发育障碍"）。在这种模式下，该机构的研究重点是通过申请和评估过程有机地出现的，而不是提前指定。

使命导向与研究者发起两种模式的比较优势，一直都是科学政策界争论的话题（马祖卡托，2018），且尚未出现令人信服的经验证据。我们认为，合适的方法取决于出资方计划支持的研究性质。回到第 4.1 节的二乘二分类系统，当出资方明确知道自己的需求并且可以指定成果时，自上而下的模式更合适。与此同时，当出资方想支持最有潜力的研究领域，但缺乏识别相关领域的信息时，自下而上的模式更有意义。

例如，在专注于国防相关技术研发的美国国防高级研究计划局中，自上而下的模型很常见。因为美国国防高级研究计划局是国防部的一个分支，而国防部是许多研究成果的最终买家，它的官员很可能对国防部的需求有很好的了解，这使得他们更容易提前确定研究重点。

相比之下，美国国立卫生研究院负责资助那些最终有可能改善健康状况的研究。最初，研发的终始间隔时间会很长，可能需要数十年（李，阿祖莱和桑帕特，2017）。在这种情况下，美国国立卫生研究院的管理人员无法获得足够的信息，从最有潜力的研究领域中准确地识别和征集的申请者。因此，要求他们事先确定研究重点，会降低资金配置效率（阿吉翁，德瓦特里庞和斯坦，2008）。一个自下而上、由研究者发起的资助过程可能会更好地聚集相关领域科学家的集体智慧。

当然，在实践中，有许多混合模型试图融合这两种方法的优点。美国国立卫生研究院利用申请请求（Requests for Applications，RFAs），将精力集中在被忽视或落在其同行评议委员会边缘空隙之间的领域（桑帕特，2012）。事实证明，这也是一种应对国会要求资助特定疾病研究压力的灵活方式（戈德弗罗伊，2011）①。

与此同时，考虑到自上而下确定研究重点可能导致低效配置，美国国防高级研究计划局和高级研究计划局—能源等机构在确定研究重点时具有严格的"项目同行评审"流程（阿祖莱等，

---

① 需要注意的一点是，通过特定的 RFAs 来说服科学家，将他们的工作转移到新的领域可能存在困难。迈尔斯（2020）的最近研究表明，从某种意义上说，已经成名的科学家是相对"缺乏弹性"的，他们不太可能因为少量的资金或小概率的资助而改变自己的研究兴趣。相反，迈尔斯的研究表明，将新领域的研究资金投向那些在研究兴趣上更灵活的年轻科学家性价比更高。

2019a）。例如，在美国国防高级研究计划局—能源的项目资助中，项目申请需要接受来自项目主管和相关技术领域专家的批判性审查。项目经理需要根据这些审查意见，重新修改项目研究后，才能获得资助。通过这种技术领域专家参与的迭代审查，项目管理人员能够有效克服项目审批过程中的信息劣势。

总而言之，上述情况证实了本文关于研究组合的观点，一个由出资方组成的生态系统也许能更好地服务社会。其中，在研究重点明确的情况下可以直接制定具体的议程；而在研究目标更具探索性的情况下，需要考虑相关科学领域的广泛利益。

4.3.4 资助评审：同行评议及确定"科学价值"

收集申请提案后，资助机构必须对提案进行择优资助。现代社会中，这一过程已成为同行评议的同义词，尽管"同行评议"涉及更广泛的实践内容。想象一下，在没有同行评议的情况下，资助体系会如何运行——历史上存在一些类似制度（鲍德温，2018）[1]。在传统的同行评审模式下，申请提案由多个评阅人评审并打分，然后通过讨论和投票决定被资助的提案。这里涉及三个体系设计问题：由谁来评审提案，出资方从评阅人那里获得哪些有效

---

[1] 例如，1946 年成立的海军研究办公室（ONR）只能根据法规资助合同运行。然而，这些合同对交付成果的要求较少，更像是赠款。直到 2011 年，ONR 才开始对其科学和技术部门所开展的基础研究项目进行同行评议（克隆德，2013）。

信息，以及如何整合可能存在的分歧？我们依次讨论这些问题。

选择评阅人。首先，在评估申请提案时，出资方应该向哪些人寻求建议？尽管权威专家可能对申请提案的质量更加了解，但是，他们也可能倾向于支持自己的相关领域，并排斥竞争对手，进而影响客观性。类似地，具备技术专业知识的评阅人会对项目的可行性更加敏感，而具有行业或政策相关知识的评阅人则会对项目的潜力更加敏感。李（2017）在对美国国立卫生研究院同行评审的研究中指出，尽管科学家倾向于支持自己领域的申请人，但出资方也能获得很多相关信息。出资方应该努力平衡专家的潜在偏见和信息价值，而不是致力于完全消除利益冲突。

确定和使用科学价值评分。除了向专家寻求客观建议外，出资方应该在多大程度上依赖论文和引文等量化指标？最新实证研究表明，遵循算法评估或其他定量“规则”可能会得到更好的结果：克莱因伯格等人（2018）证明，算法可以更好地预测被试者中的“惯犯”；霍夫曼、卡恩和李（2018）的研究表明，遵循算法推测比专家意见更可靠。这一结果与心理学中的通过比较“临床”和“精算”进行决策的古老研究方法一致，一般情况下，后者能得到更优结果（道斯、福斯特和米尔，1989）。

相关研究主要关注可预测特征（如工作任期），但是与评估科学潜力相比，这些特征涉及较少的创造力和可变性。李和阿加（2015）的研究表明，人工综合评阅结果要优于单独使用量化指标评价的结果。在这种情况下，出资方应该综合考虑人工评阅和基于指标评估的相对优势。在美国国立卫生研究院的案例中，李

和阿加（2015）指出，在得分最高的申请提案中，人工评阅比量
化指标的相对贡献更高[1]。这就衍生出一种方案，使用量化指标来
进行初步筛选，让同行评审的专家把专业知识集中在最有可能获
得资助的优秀提案中。

最后，出资方还要在是否严格遵从评议人意见方面做出抉
择。大多数同行评审体系允许项目资助是"无序（out of order）"
的，也就是说，它们允许项目主管提升或降低项目资助级别，进
而让资助机构更灵活的选择资助重点[2]。金瑟和赫根内斯（2020）
通过研究美国国立卫生研究院博士后项目申请人的职业生涯发
现，从长期来看，"被晋升"的申请人（得分低于分数线，但仍获
得资助的人）获得的研究资助，要少于"被淘汰"的申请人（得
分高于分数线，但未被资助的人）。当然，"被晋升"申请者在其
他指标上的表现可能更好。这些证据至少让资助机构意识到，有
必要认真记录偏离典型资助特征的实例，并跟踪后期结果。

整合意见。资助机构应该如何整合评阅小组（人工或其他方
式）中不一致的意见？最常见的方法是取平均值，这样能很好地

---

[1] 科尔、科尔和西蒙（1981）和皮尔等（2018）发现，评审人针对同一美
国国家自然科学基金或美国国立卫生研究院申请提案的价值评估很难达
成一致意见，并因此质疑同行评议的可信度。

[2] 实际上，自 1831 年伦敦皇家学会实行这一做法以来，行政自由裁量权
一直是科学书刊和资助机构实施同行评审系统的一个重要特征（莫克罕
姆和法夫，2018）。鲍德温（2018）记录了美国自然科学基金，如何通
过重视外部评议人意见这一策略，使其资助决策免遭国会批判。

反映出评阅人的总体评价，但这种方式可能导致相对常规和低风险项目入选。美国国立卫生研究院资助的申请人经常抱怨说，由于不符合既定的科学范式，原创项目提案很可能获得差评，而这个差评足以毁掉这一提案。而现实情况是，多元化的观点本身就可能是潜在创造力的标志，因此，出资方应该更加关注得分方差较大的提案。

另一种方法是，给予评阅人有限量的"金星（gold star）"，让他们仔细思考如何给项目分配"金星"，这类似于盖茨基金会所使用的方法（科列夫等人，2019 年）。也可以给评阅人有限的"烂番茄"（rotten tomatoes），以此来否决提案。这两种方法都是风险投资家在私营部门考虑投资哪家初创公司时采用的方法。马连科、南达和罗德－克洛夫（2019）分析了风险投资整合不同意见的案例，结果表明，对于早期投资来说，风险投资通常采用拥护模式（advocacy model）。在这种模式下，只要有一个合作伙伴选择支持，就可以为初创公司提供资金。拥护模式优先考虑项目的成长潜力，这对于选择资本承诺相对较低、潜力不确定性较大的创业初期企业具有一定意义。对于投资成熟期企业，更多选用多数表决和共识模式（consensus models）。这种方式更容易让单个合伙人阻止一项投资，从而最大限度地降低下行风险，这适用于需要大量专用性资产投资的"大科学"项目。

从投资组合的角度来，出资方有必要将相对"安全"的项目和高影响、高风险项目进行组合。这样做的时候，出资方应该使选择过程与计划目标相匹配。例如，美国国立卫生研究院可以考虑，在改革试点项目中引入拥护模式（基于最高分的排名），但是在现有项目中依然使用平均分进行评选。

4.3.5　项目后期管理

确定受资助者后，出资方的工作并未完成，还需要考虑如何对受资助者的研究进行持续追踪。单纯对科学家的成果进行奖励，几乎不需要后期管理。与此相对应的，出资机构不仅要选择被资助者，还要通过中期考核来持续追踪，甚至可以提前终止项目。戈德斯坦和科尼（2020）使用美国国防高级研究计划局—能源项目的内部数据的研究表明，项目人员经常会对项目进行修改，特别是时间进度，而研究成果较差的项目更可能对项目进行修改。他们推测，将这种"积极的项目管理"，与前期的高风险容忍度相结合，可以用来提高使命导向的公共研究资金的生产力。

除了明确的指令外，资助者还通过是否选择以及如何续签资助合同的方式，暗中塑造科学家的研究轨迹。虽然有些项目是一次性资助，但那些有可能续约的资助，为出资方提供了持续影响科学家的研究工作的抓手。例如，美国大多数生命科学实验室的运行依靠美国国立卫生研究院的持续资助（每个周期持续三到五年）。这种阶段性的资助，使出资方在看到研究的前景后，才会加大财政支持。事实上，分阶段资助也是风险投资的标准做法：通过投资较小的初始金额，企业可以承担项目的早期风险，同时保留放弃没有前景的项目的选择权［见克尔、南达和罗德－克洛夫（2014）对私营部门风险投资融资的概述］。

在这种模式下，科学家们有强烈的动机来证明他们的生产力和成功，以便延长资助。当出资方清楚地知道自己希望科学家如何去做，能够衡量相关成果，并了解可能出现的意外后果时，这些激励措施就会发挥最佳效果。例如，一个强调论文发表数量的续约政策，可能会使科学家将时间浪费在自己弱项上（或从事数据挖掘），以寻求发表，而不是接受最初的失败并继续前进。由于害怕失败，科学家们也可能在一开始就减少风险，将他们的工作转向更安全但潜在影响力更小的项目。

为了解决这些问题，那些尝试鼓励科学冒险的组织，必须将它们的言论与行动相匹配。例如，霍华德休斯医学研究所（HHMI）的医学研究人员最初获得五年的资助，但第一次续约时的考核相当宽松，主要关注受资助的科学家是否在霍华德休斯医学研究所允许的范围内，开拓新的研究方向。阿祖莱、格拉夫·齐文和曼森（2011）的研究表明，这些容错政策对科学家管理实验室、雇用人员类型，以及选择研究方法和问题等方面具有一定影响。与美国国立卫生研究院的同类资助对象（他们面临传统的基于产出的续约管理）相比，霍华德休斯医学研究所的研究人员发表了更多篇被引用率高的论文，同时也减少了低被引用或没被引用的"无用的成果"。这也是大家所期望的结果，即以牺牲传统科学方法的"利用"为代价，赋予"探索"以特权。

4.3.6　转化和影响

资助是出资方支持基础研究的有效途径，其基本原理之一是，通过商业化和其他转化方式，将基础科学投资转化为技术进步（布什，1945）。然而，由美国国家科学基金会和美国国立卫生研究院等机构支持的大多数学术研究，并没有通过申请专利、许可转让或者直接创业等形式，产生持续的经济活动。而对于那些被商业化的想法，很少有人能够越过所谓的死亡之谷，并接触到更多的人。

强化转化的一个潜在障碍是，科学家不一定认为与产业界打交道是他们不可或缺的工作（巴勒姆、福尔茨和梅洛，2020；科恩，绍尔曼和斯蒂芬，2019）。因此，政策制定者必须考虑能否将"转化激励"纳入资助体系。有一个近似解决思路，有必要区分直接和间接方法：前者是消除商业化的障碍（如不明确或有限的知识产权），后者是资助者直接参与帮助受资助者将其研究进行商业化。

间接转化（Passive Translation），即知识产权和资助政策。在美国，1980 年通过的《拜杜法案》，允许研究人员和大学保留联邦资助所获得的知识产权，而在此之前，这种权利在大多数情况下归政府所有。正如莫维利等（2001）所强调的，这种变化促成了大学专利申请和授权的增长。

这种增长部分反映了大学为了促进学术实验室的成果转化，而建立技术转让办公室的投资。这种逻辑隐含的意思是，学术界的科学家可能缺乏知识、时间或兴趣来将他们的发明实现商业化。他们可能不知道该找哪些公司，也不知道如何谈判许可协议。因此，技术转让办公室提供了一系列对应服务。有一个实际例子能很好反映上述问题，大学和科学家通常会分享与一项发明有关的收入，尽管学术界具体使用费率仍有争议（维德和琼斯，2018；乌埃莱特和塔特，2020）。

杂斯曼（2019）通过分析拜杜法案对实体经济活动的影响，来更好地解释大学科学研究在塑造地方经济发明和创业方面的作用。她发现，就业、工资和企业创新似乎都受到拜杜法案实施的影响：在拜杜法案实施后，大学附近的县，以及与当地大学创新专业领域更密切相关的行业，其经济指标增长更快。

然而，对拜杜法案（以及其他以知识产权为重点的政策）的主要批评是，专利可能会削弱大学关于"开放科学"的承诺。威廉姆斯（2013）和麦克默里等（2016）都研究了开放科学研究的价值。威廉姆斯重点关注与人类基因有关的知识产权，并发现，相对于由人类基因组计划测序的同类开放基因，由私营公司 Celera 测序的基因，受限于其知识产权保护，不太可能成为后续研究和产品开发的对象。麦克默里等（2016）进一步研究了知识产权如何影响研究者所从事的后续研究的性质，结果表明，科学投入的开放性（如基因工程老鼠），鼓励新的研究者进入，并有助于形成更多元化的研究路径。总之，相关研究都分析了知识产权政策的一种权衡，即决策者决定是否允许科学家（及其雇主），对来自公共或非营利资助的成果申请专利。虽然强有力的知识产权激励了原本仍处于萌芽状态的技术开发和商业化，但这也降低了从事开拓性工作者获得资助的机会，从而限制了非定向溢出效应的范围（斯科奇姆，1991；沃尔什、丘和科恩，2005）。

　　一种混合的方法是允许大学将它们的发明成果申请专利并授权给私营企业，但学术或其他非营利用户的可以免费使用这些专利。这种"研究豁免"是知识产权法中备受争议（和诉讼）的一个领域，它可能保留知识产权的激励利益，同时保持对开放科学的承诺（登特等，2006）。

　　主动转化和"ARPA模型"。除了消除知识产权壁垒外，前文还提到过一种特殊的后期管理方式，即出资方积极地将科研成果转化为原型或技术。这种商业影响导向一直是美国国防高级研究计划局式资助的一个特点。但是，因为国防部既是出资方，又是研究成果的最终购买者，实施这种影响相对容易。因此，对积极转化工作的公平测试，必须要在公开市场上可以购买的技术领域进行资助（阿祖莱等，2019a）。

　　美国国防高级研究计划局—能源项目的"技术到市场"（以下简称T2M）项目和人员，为出资方的积极参与提供了一个概念证明，尽管它尚处于实验阶段，并未获得公众认可。在获得奖励资金之前，美国国防高级研究计划局—能源项目的参与者，必须通过美国国防高级研究计划局—能源项目T2M顾问的互动，制定T2M商业战略。为满足这一需求而制定的商业战略包括，为了解市场需求的必要商业信息培训和开发，以及为满足市场需求的技术开发。美国国防高级研究计划局—能源项目还帮助被资助者与相关政府机构、技术转让办公室、公司、投资者和其他组织建立关系，促进向商业阶段转化（美国国家科学、工程和医学科学院，2017）。

不管资助体系设计者采取什么方法，学术界在这个话题上存在共识是：出资方应该努力降低受资助者的成本，同时与不同的受众分享它们的工作成果，包括可能涉及后续工作的其他研究人员，以及具备开发早期创意并将其推向市场的专业知识和财力的产业研究人员。实现这一目标的方法之一是，出资方协助建立被资助者更容易获得资源和知识的平台。例如，在生命科学中，借鉴已有研究基础的能力，取决于生物标本的可获取情况，包括细胞系、组织培养等。弗曼和斯坦（2011）的研究表明，认证生物材料真实性并促进其扩散的生物资源中心，极大地拓展了论文的影响力，有时能使论文被引用数翻倍。从出资方的角度来看，这方面的投资可以极大地提高其研发投资的总体回报。

4.4　面向科学资助的科学

最后，与其他投资一样，科学研究的出资方应该了解它们的资源所产生的影响。这使它们可以强化现有资助模式的优势，改进其不足。

在没有初步计划的情况下，开展评估是非常困难的。想象一下，一个基金资助了一位科学家，这个科学家两年后培养了 3 名研究生，发表了 10 篇论文，且部分发表在知名期刊上。把这些产出制作成表格来评估资助的影响是不够的，即使这种做法能给人留下深刻印象。相反，我们应该了解，在没有获得资助的情况下，她的研究成果会是什么样子。这类似于科学家在评估医疗效果时所面临的挑战：如何知道患者病情好转是因为治疗，还是其他原因？

在医学上，科学家们通过对比实验组和对照组（即接受治疗的患者和未接受治疗的相似患者）的结果来应对这一挑战。科学研究的出资方可以通过收集没有得到资助的类似科学家的数据来完成同样的事情。为了评估一项资助的价值，我们应该在受资助和未受资助的群体之间比较研究结果。如果受资助和未受资助的申请人相似，那么这种比较就有效。如果申请者被拒绝是因为他们的资格过低，那么即使没有资助，他们的研究成果也可能比受资助的申请者差。这样的比较往往会夸大资助的作用。

解决这个问题最有效方法是随机进行资助，类似于医学中的随机试验，或商业环境中的 A/B 测试。在科学资助环境中，随机实验试图通过比较接受资助或受特定资助政策约束的群体（实验组）与不接受资助的群体（对照组）的结果，来确定资助或资助项目的影响力。由于这两个小组是随机分配的，它们各自的成员在评估开始时不会有系统误差，因此，研究人员可以将可能出现的任何结果差异归因于资助或资助政策的影响。

随机对照试验已经成为政策评估和循证决策的黄金标准。许多政府和基金会使用随机对照试验来评估项目的有效性，在贫困行动实验室等组织的启发下，出现了各种开展随机对照试验的组织。设计一个有效的、公平的随机对照试验，重要的是要了解机构的背景和目标。例如，霍华德休斯医学研究所资助的目的是鼓励科学家追求有风险的研究路径，即使这意味着许多情况下实验会失败，科学家可能没有成果。在这种情况下，论文数量并不能反映该组织的基本目标，因此，聚焦论文数量的随机对照试验就不合适了。基于此，我们认为，有效的评估需要机构工作人员和外部项目评估人员之间的合作。

在许多情况下，不愿意实施随机对照试验，是由于其成本高或效率低。例如，出资方可能不希望将它们稀缺的资金随机分配给不合格的科学家，这也是可以理解的。然而，即使全面的随机对照试验是不可行的，仍有可能进行某种随机化。例如，出资方可以设计一个两步法方案：第一步，对申请人进行初筛，排除低于可接受质量基准水平的申请人；第二步，在剩下的申请人中随机分配资金[①]。这不仅在一定程度上控制了被资助者的质量，同时让出资方能够更好地了解资助方案的影响力。

此外，经常有其他自然发生的"实验"，可以让研究人员来评估资助资金的影响。例如，基于资助分界线进行断点回归设计（regression discontinuity design）分析，即比较那些刚刚超过和刚刚低于分界线的结果。我们的思路是，由于他们的分数非常接近，这些申请人可能比平均受资助的申请人和未受资助的申请人更相似。因此，他们结果的差异更可能来源于资助。阿祖莱等（2019 b）、豪厄尔（2017）以及雅各布和勒夫格伦（2011）都以此来分析资助。

当完全随机化或"自然"实验无法实现时，可以通过另一种方式收集申请人特征的基本数据，例如，最高学历、毕业年份、

---

① 方和卡萨德瓦尔（2016）基于此提出了一种改良的分配方案。

本科和研究生院校、资助历史以及描述主要研究领域的关键词，并利用这些变量来确保受资助和未受资助的科学家，在教育、已有研究生产率和其他可观察的特征方面是相似的。

考虑分析的层次也很重要。个人层面的分析通常会产生一个被资助"处理"的平均效果估计量，即资助对一个典型科学家的影响。然而，出资方可能更想了解资助对整个研究领域的影响。在这种观点下，因为两个申请人可能有类似的思路，仅在个体层面比较处理组和控制组的结果是不够的。如果资助使一位科学家在另一位科学家之前发表了成果，从她个人产出的角度来看，这产生了很大的影响，但这对整个领域可能没有产生那么大的影响。因为无论如何，这个研究创意都会被付诸行动。为了评估资助基金对整个研究领域的影响，我们同样可以采用上述方法，但重点是将研究领域作为"单位"处理，而不是个人。例如，如果我们决定将资金集中在糖尿病的转化研究上，我们可以将糖尿病的新临床试验数量与其他类似疾病领域的试验进行比较。

最后，一个内容丰富的项目评估，要求出资方收集有关研究结果的信息。虽然一项计划的总体预期影响可能是提高某一特定健康状况病人的预期寿命，但由于存在长期的滞后，以及导言中提到的可追溯性挑战，部署与福利直接相关的指标可能并不可行。相比之下，衡量创新过程中较窄的或中间产出可能更容易。在讨论这种影响力的"替代标记（surrogate markers）"的优点之前，必须铭记的一点是，出资方所追踪的成果必然能演变成科学家的激励。只追踪论文发表（也许是在"高影响力"的期刊上）

的项目，受资助者在发表文章方面更有动力，但不一定能激起他们寻求成果转化或商业化的兴趣。反之，侧重专利的出资方，会不自觉地引导受资助者为不重要的工作申请专利，中国的专利促进政策似乎就是如此（龙小宁和王俊，2019）。

资助项目评估中最常用的指标包括：

文献计量指标。这些指标包括出论文发表、在顶级期刊上发表或"大文章"——那些被引用次数超过某个绝对阈值的论文（如，在某个年份，排名前 1%）。虽然这不是万能的，但这些指标与后来的突破性发现具有相关性（拉瓦尼和拜尔，1983）。即使它们看起来与出资方在其各自领域期望的产出效果相去甚远，但它们还是应该被纳入各类影响评估的基本组成部分[①]。

商业化或应用的影响。基于发表的衡量标准有一个弱点，它们无法反映科学家或研究项目在学术界以外的影响。特别是对于以任务为导向的组织来说，我们可能需要考虑其他指标，如专利产出（戈德斯坦和科尼，2017）、启动临床试验（科列夫等，2019），或培育具有增长潜力的初创公司（科尼，2020）。

职业成果。出资方可能对支持科学培训而不是具体项目感兴趣，在这种情况下，资助影响力的评估应包括职业潜力或影响力

[①]　与此相关的一点是，在新兴的"科学"领域，开发和验证基于引文的衡量标准的工作一直是一个充满活力的探索领域。最近的研究包括尝试区分科学中的"巩固性"和"破坏性"发表，使用向后引用和向前引用的组合（芬克和欧文·史密斯，2017；吴、王和埃文斯，2019）。

的措施。例如，工作任命和晋升，以及研究人员培养的学生的数量和职位（阿祖莱、格林布拉特和赫根内斯，2020）。

贾菲（1998）提供了一份创新指标的七点"愿望清单"，科学政策制定者在评估资助项目的影响力时应牢记这些。第一，指标应该具有高信噪比；第二，测量的误差应该与其他相关现象无关；第三，代理指标与相关现象之间的关系应该是线性的，或者至少是已知的函数形式；第四，代理指标与相关概念之间的关系应该是稳定的；第五，代理指标和基本概念之间的关系在不同的情景（机构、地域）下应该是稳定的；第六，指标应该不容易被操纵或膨胀；第七，应该能在不同的综合水平（地域或机构）上持续跟踪指标。

这份清单读起来发人深省，因为迄今为止，在项目评估中使用的大多数（如果不是全部）指标，至少在某一方面存在缺陷。这表明，出资方应该考虑收集一系列的结果信息，而不是单一指标。我们还注意到，科学事业往往会产生数字碎片，如果系统地收集和分析，可以帮助缓解可追溯性的挑战，缩小文献计量数据和福利相关成果之间的差距。例如，遗传序列信息作为附在出版物上的元数据具有广泛可获得性，使研究人员能够追踪从实验室到临床试验的基础遗传学研究的影响，以及诊断测试的市场供应情况（考，2020；威廉姆斯，2013）。

除了影响力的评估外，分析资助体系的设计要素也非常有帮助。当科学家对他们所提议研究内容的准确性负责时（美国国立卫生研究院和美国国家科学基金会的情况就是如此），或者当给予他们在资助周期中改变研究内容的灵活性（就像霍华德休斯医学研究所的研究者项目一样），科学资助是否更有效？是否应该将评估者的情绪进行平均后，再计算重要性评分，还是可以使用二次投票方法来吸收评价者情绪的强度和方差？年轻和成熟的研究院的提案应该一视同仁，还是在不同的轨道上评估？这些都是经验性的问题，需要通过精心的设计实验来得到答案。

鉴于评估和实验潜在的高回报，我们在本节结尾部分思考以下问题，为什么科学界、资助机构和非营利基金会非常不愿意"把科学方法用在自己身上"（阿祖莱，2012）。主要原因是从现状中获益的保守主义者在从中作梗，当然，他们对实验的抵制并非只有自私的动机。首先，开展实验存在客观的障碍，即福利相关结果的实现具有很长的滞后期，而在一个"尾部"结果比"平均"结果更能提供有效信息的情况下，需要通过增加实验规模来获得有意义的差异。

其次，科学政策制定者可能会担心，细致分析得到的细微差异，可能会导致预算受到限制，而强调精心挑选的奇闻轶事则不会带来类似的政治风险。矛盾的是，科学资助实验的常规开展，可能需要政治机构的授权。

4.5　结论

由研究者发起的科学基金是一种重要的元结构，具有明显的美国渊源，是美国"国家创新体系"的试金石之一（纳尔逊，

1993）。然而，如果政策制定者继续以万尼瓦尔·布什和詹姆斯·范·斯莱克这样的制度企业家最初在 1945 年的设计选择机制为蓝图，设计资助体系来迎接 21 世纪科学家发现的挑战，这种做法令人不可思议。

虽然本章试图解决科学资助机构设计中存在的一些微妙的权衡问题，但在本章的最后，我们将强调决策者的少数核心原则。

第一，尽管我们强调科学议程短期倾向的危险性，但决策者往往认为这样做是一个特点，而不是一个缺点，特别是处于危机时期，如战争或全球大流行病时期①。因此，很大一部分资助对产出目标规定的详细程度，远远超出了好奇心驱动的科学探索的要求（如 SBIR 拨款）。当"资助"和"合同"之间的界线变得模糊时，我们对资助成本和效益的评估效力也随之降低。

第二，保持赠款方式的多样性是非常有价值的。因此，资助体系的分析应被视为一项组合评估问题。科学政策制定者的一项重要工作是确定资助生态系统中的不足。传统意义上，确定研究空白是最主要的方式。但我们认为，确定风险导向方面的不足同样有效。例如，目前美国国立卫生研究院和美国国家科学基金会

---

① 即使在这些典型紧急情况之外，资助机制也通常会因为无法"快速交付产品"而受到谴责。例如，在美国国立卫生研究院和"抗癌战争"的背景下，患者维权人士和游说团体就会这样做（雷蒂希，1977）。

都真正建立长期的研究资助机制（例如，7 到 10 年）①。

　　第三，一个令人惊讶的事实是，非营利组织和公共部门的出资方不愿意将它们资助管理的变化，拿出来做严格的评估。资助者通常也不会例行收集未获得资助的申请人的成果信息。缺乏实验思维在一定程度上解释了为什么许多资助体系设计的重要问题仍然没有明确的答案，也解释了为什么向政策制定者提供的具体建议必须加以调整。与其追逐最新的资助热潮（例如，"是人而不是项目"，改良资助选择机制，"转化"机构，用奖金取代资助等），不如将科学方法转向资助过程，从而产生可能加速科学发现的新见解（阿祖莱，2012）。在这个框架内，无论资助是否涉及同行评议、时间范围或知识产权政策，都可以鼓励联邦资助机构和慈善资助者进行随机试验，并在大规模采用之前，对实验结果进行详细评估。

　　总之，科学资助是鼓励创新的政策工具包的重要组成部分，特别是在基础研究方面。本章中，我们介绍了一系列案例，从美国国立卫生研究院到国家科学基金会，从美国国防部到美国能源部，这些机构使用不同资助机制来支持渐进式和高风险的研发。政策制定者可以利用更科学的方法来分析资助过程，并改进资助工具，来应对新的研究需求和挑战。

———————

① 近期，美国国立卫生研究院的普通医学部（National Institute of General Medical Science），这是一个专注于"基础"生物研究的机构，发起了 R35 最大化研究者研究奖（Maximizing Investigators' Research Award），尽管该奖励的时间跨度只有短短的五年，但也是向着长期资助机制迈进的一步。

第 5 章

创新税收政策

布伦文 H. 霍尔 [①]

---

① 布伦文 H. 霍尔是加州大学伯克利分校的荣誉经济学教授、英国伦敦财政研究所（Institute for Fiscal Studies, IFS）国际研究助理、德国慕尼黑马克斯－普朗克研究所（Max Planck Institute, MPI）访问教授，以及美国国家经济研究局（National Bureau of Economic Research, NBER）副研究员。

我要感谢劳里·西亚梅拉、费边·盖斯勒、本·琼斯、雅克·迈里斯、詹姆斯·波特巴，以及匿名审稿人对早期草案的宝贵意见，这有助于我为于 2020 年 3 月 13 日在美国华盛顿召开的美国国家经济研究局（NBER）创新与公共政策会议（由于新冠疫情延期）做准备。如果有任何关于致谢、支持研究的来源和作者财务关系的披露，请见 https://www.nber.org/books-and-chapters/innovation-and-public-policy/tax-policy-innovation。

引言：一些问题

企业和个人的创新活动被大多数经济学家视为生产力和经济增长的关键驱动力。然而，从社会福利的角度来看，也有些很好的论点认为这样的市场主体将无法提供创新。政策制定者则希望将鼓励创新活动作为一种处理方法纳入企业税收体系中。这直接关系到创新活动的两个关键性税收政策，一是对研发费用的各项所得税抵免和加计扣除（创新投入的成本降低），二是对知识产权（intellectual property，IP）收入（通常称为知识产权盒）的利润减税。

本文回顾了我们所知的这两类税收政策，一类是针对创新投入选择的税收政策，另一类是基于创新产出的税收政策。在这个过程中，我试图对以下问题提供至少部分解答：

（1）税收如何影响创新？

（2）为什么创新活动会有特别的税收激励？

（3）不同的研发设计选择所产生的影响是什么？

（4）专利盒子能激发创新吗？

（5）在一个司法管辖区域内所采取的税收措施对其他司法管辖区域有何影响？

然而，在此之前，我要强调一个更广泛的主题，这里的讨论只是其中的一部分。税收对创新活动的影响不仅限于这些有针对性的措施，还包括为其他目的征收的个人和企业所得税。例如，阿克西吉特等（Akcigit，2018）研究了专利和引文加权专利与美国州际级别个人和企业税收水平之间的关系。他们发现，高税收会降低以专利措施为代表的创新数量、质量和地点，对个人而言如此，对企业而言更是如此。

本章只侧重于那些直接针对创新活动的税收工具，但应当记住，更广泛的税收环境也可能很重要，并可能影响与创新有关的税收政策的效果。本章的结构如下：第 5.1 节定义了创新活动并讨论了支持这些活动的理由。第 5.2 节和第 5.3 节详细审查了与创新税收激励相关的政策设计问题和实践，包括这些政策在世界各地的使用情况。然后，我将在第 5.4 节中总结其有效性的证据。第 5.5 节重点讨论了美国研发税收抵免的使用，以及未来可能如何设计。第 5.6 节总结和讨论了前几节审查中产生的一些更广泛的问题。

5.1 创新活动及其基本原理

至少从阿罗（1962）和纳尔逊（1959）的工作开始，经济学家就已经明白，研发形式的创新活动很可能会对其他企业和整体经济产生无法定价的溢出效应，这意味着这些资源可能由于（相对）容易仿效而供给不足。阿罗还指出了影响创新供给的另外两个因素：无法分散或投保的相关风险和不确定性，以及当创新者和他的资助者不一样时出现的信息不对称 / 道德风险问题。研究与开发投资的这些特性导致融资的高成本，特别是对新设企业和中小企业（SMEs）。

然而，研发只是创新活动的一个组成部分。当我们再看看其他组成部分，溢出效应是否会产生就不那么明显了，尽管这是一个我们所知相对较少的领域。企业创新支出的组成部分包括：

- 研究（基础和应用）。

- 开发（包括实验研究和设计）。

- 购买外部知识产权。包括专利、版权、商标和技术工艺知识。

- 购买、安装和使用技术上更先进的设备。

- 软件和数据库活动。

- 以新工艺或支持新产品的形式培训员工。

- 与引入新的或改进的产品与服务相关的营销。

- 组织创新的成本。

潜在溢出效应的程度因支出类型及知识产权保护或其他手段的可用性等存在明显差异。纳尔逊（1959）很久以前就强调了基础研究和应用研究的区别，阿克西吉特、亨利和塞拉诺－维拉德（2013）更明确地模拟了这个区别。前者比后者预计会有更大和更难以预测的溢出效应，这被作为研发政策的目标。也有人认为从购买新设备以及软件和数据库开发取得的回报很大程度上被企业内部化，因此需要较少的补贴。然而，培训费用的回报在很大程度上取决于其特殊性质（对企业）以及员工能够从未来报酬中获得这些回报的程度。培训员工会在一定程度上提高工资成本，因为这会增加企业员工的外部选择价值，使得私人和社会之间的培训回报分配变得更加复杂。

除了通常情况下政府对私人创新支出政策的市场失灵论调之外，值得注意的还有另一个支持政府研究和创新政策的论点。这个论点是，事实上针对公共产品（在卫生、环境、国防等领域）的研究可大大提升公共产品的生产率。这类研究通常因缺乏适用性和存在风险而导致供给不足，但也可能是直接针对那些因其自身的非竞争性和/或非排他性而导致供给不足的商品。经济学家有时把这种情况称为"双重"外部性问题，特别是在环境创新的背景下。

5.2 创新税收政策

如果我们接受政府在鼓励创新方面的作用，那么通常会使用哪些政策来实现这一目标？这包含许多措施，其中一些措施采取了增加企业激励的形式，还有一些涉及政府的直接支出。两者间的主要区别在于，修改创新激励措施通常会使创新方向掌握在企业手中，而直接支出则让政府在选择将被资助项目方面发挥更大作用。

潜在的激励措施包括根据企业的创新投入或产出水平来降低税收，以及知识产权授予，例如给新发明授予专利。这些工具的缺点是，企业可能会选择私人营利的创新途径，而这些途径对社会福利并没有太大的贡献。一个典型的例子是"我也是"药品公司，该公司的仅对现有版本进行略微改进的药品占据了很大的市场份额。药品公司从中获利，但提供给消费者的福利少之又少。在知识产权明了的情况下，由于一些事后市场权力的建立，限制产出或提高产量会增加后续创新的成本。

政府的直接支出包括对研发或创新的补贴，通常针对特定类型的企业或项目，以及政府主导的针对公共产品的研发（如卫生研究、国防等）项目。有针对性的补贴，特别是选择特定项目支持的补贴，往往需要较高的评价和审计行政成本。然而，它们在世界各地被广泛使用（EYGM，2017；霍尔和马菲奥利，2008）。正如科恩和诺尔（1991）所指出的，这类政府项目的一个缺点是，受益者带来的政治支持可能会使它们在不成功时难以终止，特别是当它们规模很大，在当地创造的就业机会，并需要大量投资才有可能成功时。然而，人们也可以指出这种类型的成功项目，特别是在太空探索领域。

在本章中，笔者重点阐述了鼓励创新的税收激励措施。接下来的几节将讨论税收措施设计中的问题，以及两种直接针对创新活动的常用税收激励措施：研发税收抵免和加计扣除，以及知识产权盒（创新利润的减税）。

5.2.1　设计中的一些问题

在描述最常用的税收工具之前，我们有必要回顾一下这些工具的特征，这些特征更有可能使它们有效地实现其目标。

第一，政策工具对企业的决策者可见吗？也就是说，考虑到有限的关注和有限的理性，它是否足以影响企业的底线，以至于其在决策中变得突出？与此相关，使用该工具是否需要大量的会计和报告成本？

第二，收益的时间范围是否与补贴投资的时间范围相匹配？也就是说，当企业可能因投资支出而出现亏损时，该工具是否会在短期内降低成本或增加收入？

第三，与其相关的系统是否足够稳定，允许企业对其投资战略进行前瞻性规划？

第四，该工具所针对的目标活动不应该是那种已拥有强大市场地位的企业对现有产品的增量创新，而是应该针对具有更大潜在溢出效应的活动（如基础研究、标准制定或大学和非营利研究组织的支出）？此外，鉴于有证据表明中小企业会面临更大的财务限制，那么它们的活动是否是该工具的目标活动呢？

第五，什么样的税收补贴水平比较合适？原则上，它应该被设计成将私人研发资本的成本降低到一个能诱导私人研发达到社会最优水平的水平。我们通常观察到的是一个不同的量：研发的社会回报率和私人回报率之间的差距。这通常是相当大的，但又不能准确地确定（霍尔、迈雷斯和莫南，2010；勒金、布卢姆和范·雷南，2019）。这种不确定性的一个原因是，对研发的社会回报是个体企业决策的意外结果。也就是说，企业试图将其预期回报设定为资本的成本估计值，而没有这样的机制来决定社会回报率。在宏观经济层面，琼斯和威廉姆斯（1998）利用内生增长模型提出，美国最优的研发投资水平可能高达当前水平的 4 倍。

使用估计的私人和社会研发回报来确定最佳补贴的问题如图 5-1 所示，它展示了税收补贴对企业研发支出影响的程式化版本。横轴表示研发支出水平，纵轴表示资本成本或回报率。企业的研发回报被认为是下降的，整个社会的回报也是如此，但由于溢出效应，社会的回报更高。资本成本假设随着研发的增加而增加，尽管这不是论证的必要条件，它可以是恒定的。在各种关于研发回报的计量经济学研究中，我们通常观察到的是点 A（企业研发选择的社会回报）和点 C（企业研发的私人回报，被选为与预期资本成本相等）。为了将企业的研发从竞争水平 R_C 转移到社会最优水平 R_S，所需的补贴是从 S 点到 B 点的成本降低，它并不一定与 A–C 相同，除非回报线是平行的。

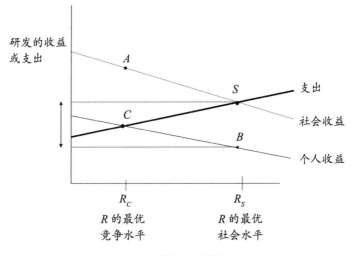

图 5-1　最优补贴的确定

显然，图 5-1 也过于简化了。首先，我们没有理由认为研发项目的回报率对私人和社会回报率是一样的。也就是说，当与企业偏好的研发支出进行对比时，社会回报曲线可能不是一个简单的向下倾斜的曲线。其次，溢出缺口的大小因国家、行业和技术类型而异。在政策设计中考虑到这些因素的尝试必然是相当粗糙的，而且通常仅限于试图区分基础研究和应用研究。

最后一个设计问题是该工具是否相对易于审计。也就是说，税务机关在确定符合税收措施的支出或收入的时候是否方便？事实证明，这对许多政府来说很困难（考克斯，2020；冈瑟，2013；冈瑟，2015），这也在一定程度上会阻止企业使用这些措施（阿佩尔特等，2016；阿佩尔特等，2019；冈瑟，2015）。

5.2.2　创新领域企业税收的实践

我们从企业税收制度的一些特点可以看出这其实是在补贴创新。如前所述，最明显的是广泛使用的研发税收抵免或超额抵扣，以及各种 IP 盒子（专利、设计权、版权和商标等知识产权收入的税率降低）。税收抵免是税收的减少，这是基于对研发支出的衡量，而研发加计扣除允许研发支出的比率高于通常使用的 100%[①]。这些措施的目标是基础研究、大学合作和公共非营利研究组织。

---

① 两者之间的主要区别是，加计扣部分减少了企业税率，而抵扣不取决于企业利润的税率水平。假设企业是盈利的，如果抵免重新获得，它将表现得像加计扣除额。在亏损企业的情况下，抵免和加计扣除之间的比较将取决于精确的结转规则和企业所面临的贴现率。

但也有其他工具有利于创新活动。其中最重要的一个是投资税收抵免或加速折旧，它可降低购买新设备和 IT 的成本。基于《奥斯陆手册》(OECD/Eurostat，2018) 的创新支出调查 (如欧盟统计局报告的调查) 表明，在许多国家，最重要创新支出的份额是购买新设备，即与创新相关的 IT 硬件和软件，而不是研发支出 (欧盟统计局，2020)。

另一个可能有利于或不利于创新活动的税收特征是债务融资与股权融资的相对性。如果债务由于利息费用的税收减免而受到青睐，无形、无担保融资的成本相对于有形资产的投资更昂贵 (霍尔，1992)。

然而，最常用的专门针对创新的企业税收工具是研发税收抵免。20 世纪 80 年代，某些国家已经开始使用这种工具，因此在其设计方面有很多经验。第一个设计问题是，考虑到企业内部研发支出相对平稳，基于企业研发支出总额抵免可能是昂贵的。也就是说，无论如何，大多数研发工作都会进行，企业只需要增加补贴增量就好了。困难在于如何衡量这一增量，也就是说，如果没有税收抵免，企业会怎么做？企业使用自己过去的支出历史会产生负面影响。由于今天的增量对未来增量的影响，它会大大降低抵免产生的名义激励 (霍尔，1993)。因此，尽管增量方案可能更便宜，但随着时间的推移，一些国家 (如美国和法国) 已经放弃 (或对其进行了大幅修改)。

除非要缴税，否则税收抵免或加计抵扣可能没有用处，因此设计较好的工具允许税收优惠的损失结转，可减少未来的税收。

这对初创企业尤其有帮助，尽管这仍使他们面临更高的初始投资成本。从行政管理的角度来看，荷兰提出的方法可以解决这一问题：降低为研发而聘用的科工人员的社会负担费用[1]。这是一种有吸引力的设计，因为其审计成本相对较低，并且可以立即有效地降低企业成本，避免结转问题。该措施的第一个缺点是，在购买外部研发的情况下，管理可能更加复杂。这种情况下的有效性将在一定程度上取决于供应企业是否将其研发成本的降低转嫁给买方。

将降低社会负担费用作为研发激励措施的第二个缺点是，在一些国家，社会保障和退休养老金账户与一般政府预算是完全分开管理的。由于行政管理原因，从一般政府预算中弥补减少的社会费用并不总是容易的，需要进一步立法。

为此，一些国家引入了所谓的知识产权盒，允许大幅降低由专利、版权、设计和商标等知识产权产生收入的企业税率。这种税收工具通常被认为是对创新活动的补贴或奖励。然而，其基本原理要复杂一些，正如我在下面描述的那样。

在大多数发达经济体中，企业无形资产的规模近年来有所增长，在一些企业中，它超过了有形资产（科拉多、赫尔滕和西切尔，2009；霍尔，2001；列夫，2018）。这些无形资产中有许多实际上是受到某种形式的专有权保护的知识产权。因为无形资产不一定有物理位置，那么将他们转移到低税收管辖区是相当容易

---

[1] 正如本章后面讨论的那样，美国于 2016 年为小企业推出了该工具的有限版本。

的，从而降低税收义务（迪辛格和里德尔，2011；穆蒂和格鲁贝特，2009）。一种常见的策略是向低税收国家支付知识产权使用费，在那里创造收入，在来源（高税收）国家创造成本，减少要支付的总税收（巴特士蒙和比瑟姆，2003）。这一策略没有逃过税务机关和政府的注意，为了说服知识产权资产留在国内，它正在呼吁为他们的收入提供更低的税率。政府的这种税收策略也反映了这样一种观点，即鼓励知识产权资产的创造以及在该国选址可能会说服企业在当地保留这些技术工作和研发。

上述论点表明，尽管鼓励创新活动和知识产权创造可能是降低知识产权收入税收的一个动机，但各国实际上是被迫这样做的，因为世界各地存在许多低税收管辖区，这些收入可能会迁移到这些管辖区[①]。值得关注的是塞浦路斯、列支敦士登和马耳他三个国家已经引入 IP 盒，他们这么做主要是为了吸引税收，而不是阻止知识产权收入离开[②]。

事实证明，IP 盒子的设计甚至比研发税收抵免的设计更具挑战性。第一，它应该涵盖哪些 IP？所有现有的盒子都包括专利权，但不包括商标、设计和模型、版权（有时仅限于软件）、域名和商业秘密 / 专有技术等其他选项（Alstadsæter 等，2018）。从外

---

① 众所周知，苹果公司将爱尔兰作为与知识产权相关的避税天堂，这只是冰山一角（廷 Ting，2014），尽管海因斯（2014）对基于事实的证据审查，表明问题可能没有那么严重。

② 这三个国家的专利申请量加起来还不到欧洲专利申请量的 0.2%。作者的计算来自欧洲专利局（2019）。

溢的角度来看，补贴这些替代知识产权的理由似乎值得怀疑。例如，传统意义上，商标的使用是为了保护消费者，也是为了防止竞争对手仿效、确保和维持某种程度的定价权。类似的论点也适用于域名。就商业秘密或专有技术而言，我们尚不清楚如何能衡量相关收入。第二，知识产权收入如何计量？费用如何在知识产权和非知识产权活动之间进行分配？第三，涵盖的是已获得的知识产权还是现有的知识产权？还是只涵盖了该国新开发的知识产权？根据税基侵蚀和利润转移（BEPS）规则的关联原则，后一种特征在经济合作与发展组织（OECD）和欧盟（EU）经济体中已经在一定程度上标准化（OECD，2015）[1]。第四，与专利相关的研发税收优惠是否应该被收回，以避免过分激励？在实践中，不同的国家对这些问题得出了不同的答案，世界各国对专利盒的实施存在很大的差异（Alstadsæder 等，2018；格斯勒、霍尔和哈霍夫，2021）。

5.2.3　比较研发税收优惠和专利盒

这两种税收优惠有什么区别，我们应该选择其中一种而不是另一种吗？二者有两个明显的区别。首先，研发税收抵免不包括非研发产生的创新，专利盒不包括没有专利化的创新。其次，研发税收优惠直接针对企业控制下的创新投入，而专利盒针对的是产出，这可能会受到外部原因和"运气"的影响。显然，在预期

---

[1]　关联方法要求将受益于知识产权制度的收入与纳税人承担产生知识产权资产的基础研发的程度联系起来（OECD，2015 年）。

的意义上，对专利收入降低税收的有效性会反馈到企业的决策过程中，但与对创新投入的补贴相比，这似乎是间接的。此外，事后的税收优惠（在一些多年后的案例）并不能真正帮助解决当前的投融资问题。

研发税收抵免除了与企业对创新活动的成本和地点的决策直接相关外，还有许多其他原因使它们不同于专利盒。专利盒针对的是创新中最适合使用的部分，即已经通过专利的排他性获得奖励的创新活动。他们还有效地补贴专利主张（patent assertion），其中一些是"专利侵权"，因为专门从事专利诉讼和执法的企业的所有收入都是专利收入[①]。与之相关的是，它们提供了一种额外的激励来更新那些原本可能被放弃的专利，从而扩大了潜在的市场力量，提高了发明者的搜索成本。这取决于专利盒子的精确设计（总收入／净收入），它们可能会激励企业选择与研发无关的高支出项目，因为非研发预算的大小将影响作为减税的申请金额。

与研发税收抵免相比，知识产权盒更有可能面临更高的审计成本，而研发税收抵免已经是税收合规中最有争议的领域之一（沙利文，2015；2016 年美国国会联合经济委员会）。所谓的减税取决于一家企业在其知识产权和非知识产权资产之间的收入和费用分配，考虑到互补性，这种分配非常困难。这一事实可能是一

---

① 专利侵权的定义是有争议的，但它通常指的是专门在法律成本很高的情况下对生产者主张专利的实体，即使企业认为专利无效或没有侵权，也会与侵权者达成财务和解，而不是为自己辩护。

些国家选择使用专利总收入定义专利收入的原因之一。

　　在结束对研发税收抵免与专利盒的讨论之前，我们有必要考虑一下欧盟提出的欧洲共同企业税基的建议，其中包括以 150% 的加计扣除取代专利盒和现有的研发税收抵免计划（丹德里亚、迪米特里奥斯和阿格涅兹卡，2018）。值得指出的是，这一工具的有效性取决于企业税率。沃德（2001）将 B 指数定义为企业在研发上花费一个单位时，实现盈亏平衡的边际税前利润。如果对研发没有特殊税收优惠，该指数等于 1。图 5-2 显示了 B 指数作为两种不同加计扣除额（150% 和 200%）的企业税率（从 0 到 0.4）的函数[①]。相比低税率企业，高税率企业的研发成本降低得更多——在确定加计抵扣水平时要记住这一点。

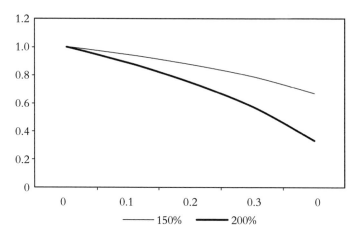

图 5-2　研发所得扣除额与企业税率的 B 指数

---

① 　B 指数的推导和详细定义见附录和沃德（2001）或 OECD（2019b）。

5.3　实例

在本章的这一部分，我简要地总结了目前全球范围内（截至 2019 年）两项与创新相关的税收政策的使用情况：研发税收抵免和加计扣除，以及专利盒。有关这些工具的更详细信息，请参见 EYGM（2017）、莱斯特和沃德（2018）和 OECD（2019b）。

5.3.1　研发税收抵免

从 20 世纪 70 年代开始，在美国和加拿大就已经广泛使用这一政策工具。2000 年，经合组织中有 19 个国家提供了某种形式的税收减免，而 2018 年，36 个经合组织国家中有 32 个国家提供了某种形式的税收减免，另外还有巴西、中国和俄罗斯。EYGM（2017）提供的最新数据表明，全球 42 个国家有降低研发成本的税收计划。各国对这些计划的执行情况在以下几个方面差别很大：

- 该计划是税收抵免还是研发费用的加价抵扣（>100%）（甚至是研发员工的社会费用减免）？
- 抵免或扣除的规模？
- 是增量还是一个水平的抵免（a level credit）？
- 中小企业是否受到更优惠的待遇？
- 允许的费用细节？
- 当企业盈利时，未使用的抵免是否可以结转？

比较各国的税收抵免政策通常是通过计算研发资本的用户成本，并考虑到其税收待遇（霍尔和乔根森，1967），或通过计算

上文定义的 *B* 指数来完成的。一般来说，这些指标是针对在一年内增加研发的盈利企业计算的。然而，经合组织开发了一个研发税收激励的有效补贴率数据库，我们可在其网站上查阅（OECD，2019b），其涵盖了 2000 年至 2018 年的数据。该数据库为盈利和亏损的企业以及面临不同税收待遇的中小企业提供了单独的估计。一般来说，亏损企业得到的补贴略少，中小企业则得到的补贴略高（莱斯特和沃德，2018）。

在附录中，根据经合组织（2019b）的数据，我们展示了研发税收补贴随时间的变化模式。

5.3.2 知识产权盒

在撰写本文时，已有 22 个国家推出了某种知识产权盒，其中大多数在欧洲。各种知识产权盒的比较情况你可以在 Alstadsæder 等人（2018）和埃弗斯、米勒和施彭格尔（2015）中找到。

与研发税收计划一样，各国知识产权盒的规则也有很大差异：

- IP 涵盖范围的变化（有时甚至是非正式的 IP）。

- 收入和费用处理的差异；一些国家降低了知识产权总收入的税率，而不是知识产权净收入的税率。

- 在某些情况下重新获得过去扣除的研发费用。

- 关于购买的或已存在的知识产权是否合格，或是否有必要在相关国家进一步开发创收产品的规则（由 BEPS 修改，如第 5.3.2 节所述）。

- 其使用是否受受控外国企业（CFC）规则的影响。[①]

5.4　创新税收政策评价研究进展

5.4.1　研发税收抵免评价

评估研发税收抵免至少涉及三个问题：该抵免是否如预期那样增加了企业研发？既然税收抵免的效果是降低资金成本，那么私营部门的研发回报率会下降吗？其他企业是否会因为税收抵免的高支出而获得更多的研发溢出效应？第一个已经得到了很好的研究，我在这里总结一下结果。第二种观点经常被误解，政策制定者希望从受补贴的研发中获得较高的私人回报，而不是如果税收抵免的效果是降低成本，从而降低所需的研发回报率。第三个问题是最重要的，也是最难的。虽然关于研发溢出效应的研究很多，但很少有研究专门关注这个问题（霍尔、迈雷斯和莫南，2010）。

自从曼斯菲尔德的早期和有些探索性的研究以来（1984，1986），关于研发税收抵免有效性的证据逐渐累积，这表明它们通常在增加企业研发方面是有效的，价格弹性为 –1 或更高（霍

---

① CFC 规则明确规定，如果一家在避税天堂的企业由母国控制，则对在低税率国家获得的收入按国内税率征税。然而，欧洲法院已经限制了 CFC 规则在欧洲经济区内的应用，因此它们不影响向欧盟专利盒国家的专利转让（布劳蒂加姆、施彭格尔和斯特菲，2017）。另见德勤咨询（2014）。

尔和范·雷南，2000）。与直接的研发项目资助相比，这样的结果通过了简单的成本效益测试。霍尔（1993）和马尔凯和迈雷斯（2013）等报告的模拟证据表明，研发支出的增加大致和抵免导致税收损失平衡，甚至超过了税收损失。

很多研究基本上证实了霍尔和范·雷南（2000）调查的证据。例如，常 Chang（2018）使用联邦税收变化衡量的美国州级数据发现研发对经税收调整后的价格弹性为 –2.8 至 –3.8，马尔凯和迈雷斯（2013）利用法国 2008 年的税收变化发现价格弹性为 –0.4 或更高，Dechezleprêtre 等（2016）使用断点回归方法发现英国中小企业的弹性为 –2.6。同样地，阿格拉瓦尔、罗塞尔和西姆科（2020）对加拿大小企业获得抵免资格的变化进行了 DID 分析，研究发现估计的弹性完全在前面研究范围内。他们还发现，那些没有纳税义务但因税收抵免退税的企业受到了更大的影响。盖尔西和刘（2019）使用类似的数据和资格阈值的外生变化，发现弹性为 –1.6。另见 Acconcia 和坎塔贝内（2017）关于意大利研发税收抵免对财务受限和不受限企业影响的研究。布兰迪尼尔斯、史坦布瑞纳和魏斯（2020）对调整后税收的研发价格弹性的各种估计进行了元回归分析，一致的估计值通常是在 –1 左右。

对于美国数据的分析来说，一个特别重要的问题是如何获得合理度量的企业所发生的研究和实验（R&E）费用。法律规定，适用税收抵免的费用为研究和试验费用，不包括常规开发费用。然而，企业层面唯一公开的研究数据是提交给美国证券交易委员会（SEC）的 10-K 文件中报告的数据，研究人员可以通过标准普尔（Standard and Poor 's）的 Compustat 获得。10-K 报告中对研发的定义比法律中对用于税收抵免的定义更广泛。因为几乎所有使用美国国税局关于 R&E 费用索赔的实际数据研究都没有将这些数据与企业层面的 10-K 数据相匹配，所以我们对这两组数据之间的差异只有一个大致的概念（阿特舒勒，1989；考克斯，2020）。

拉奥（2016）比较了 1981 年至 1991 年间约 60 家企业向税务机关申报和报告的实际研发费用和 10-K 报告的研发费用，发现了巨大的差异[①]。他使用实际的 R&E 成本，并控制计税价格和 R&E 成本之间关系的内生性，研究发现计税价格弹性为 -1.6，这与使用公共 R&D 数据得出的结果非常相似。这一结果确实提出了一个关于 R&D 生产函数的进一步问题，因为它表明 R&D 中被禁止的部分与合规的 R&E 费用是互补的。这反过来证明了有限制的定义降低了税收工具的成本（除了增加的审计成本），而没有减少其影响。

考克斯（2020）研究了研发税收抵免不确定性对研发水平的影响。研究发现，较高的 IRS 审计风险与较低的研发水平有关，特别是对于受到财务约束的企业和跟踪 QRE 费用信息环境质量

---

① 税收抵免的合格研究支出（QREs）平均占这些企业 10- K 报告的研发支出的 37%（拉奥，私人通信，2020 年 4 月）。然而，这些数据也被另一个差异来源所混淆：税收抵免的研发仅适用于国内，而 10-K 的研发适用于全球。这些企业大多是跨国企业，在美国以外的地方会有大量的研发工作。因此，QRE 在国内研发中的真实比例将会更高。

较差的企业。这些影响可能会抑制税收抵免的有效性，并使文献中对一项影响的发现更令人惊讶。

有研究考察了研发税收抵免导致的溢出效应。第一个之前在 Dechezleprêtre 等（2016）的研究中提到过。布卢姆、香克曼和范·雷南（2013）的研究中利用专利数据衡量了企业之间的技术接近度，并表明一家企业研发（由于税收抵免资格的变化）的增加提高了技术上与该企业接近的企业的专利申请水平。他们发现，对所有这些企业来说，专利申请数量增加了 1.7 倍。有趣的是，他们发现在产品市场空间接近的企业没有这种影响（正面或负面）。他们的研究表明，税收导致的研发增加确实会产生很大的技术溢出效应。

巴尔斯梅尔等（2020）的研究建立在 1987 年引入研发税收抵免的加州的基础上。作为对抵免的回应，他们发现了通常的研发和专利的增长。然而，与 Dechezleprêtre 等（2016）的研究相比，在他们的数据中，当企业在技术空间上接近时，竞争对手的市场价值对这些增长产生负面反应。他们还发现，企业普遍倾向于通过增加研发来追求现有的研究路线，而不是开拓新的方向。与 Dechezleprêtre 等研究的一个主要区别是样本：这里考察了所有规模的企业，而不仅仅是中小企业，这可能有助于解释研究结果中的一些差异。

研发税收处理的变化还有更进一步的影响需要考虑：研发计税价格的快速变化可能会增加其成本而不是数量。这是因为科学家和工程师的供给在短期内是相当缺乏弹性的，需要时间来培养他们。在这种情况下，人们可能会期望现有研发人员的工资会随着需求的增加而增加。这是古尔斯比（1998）对美国的发现，他测量的与研发相关的工资弹性约为 0.3。使用 15 个经合组织经济体的数据，沃尔夫和莱因塔勒（2008）发现长期工资弹性的上限为 0.2，而洛克申和莫南（2013）发现荷兰的弹性约为 0.2。请注意，如果税收抵免的总体影响是统一的，那么这些发现表明，大部分影响确实是在研发的数量上，而不是价格上。

5.4.2　研发计税价格作为一种用于研发的政策工具

正如引言中所述，税收政策对创新的主要目标是通过对创新活动的补贴来提高生产率和经济增长的。要评估这些政策的成功，首先要看它们是否增加了创新活动（如上所述），其次，要看这种增加是否会提高企业层面的生产率，对其他企业产生更大的溢出效应，并最终提高经济增长。在研发或其他投资政策的背景下，我们很容易使用投资的计税价格作为生产力或增长方程中的投资政策工具。在这里，我会考虑这个程序是否合理。

我的关注点是研发投资，但大部分讨论也适用于其他形式的投资政策。有两个因素对我们通过计税价格对研发进行工具化存在影响：①该工具是不是有效工具的常见问题；②研发是一项投资的事实。也就是说，问题本身就是动态的。如果当年的计税价格降低，预计将增加当前的研发投资，并可能增加未来的研发投资，假设税收变化是准永久性的。然而，它对过去的知识或研发存量没有任何帮助，而这些知识和研发存量是生产力和绩效的相关驱动力。这并没有使这一工具失效，而是削弱了它的力量。长期以来，试图在这种方程中揭示不同研发滞后的贡献（为了使用不同的计税价格作为工具）是极其困难的，因为在企业、部门或国家内，研发随着时间的推移具有高度的序列相关性。

作为政策工具与研发选择相关和与生产率或增长方程扰动不相关这两个要求，使得计税价格的有效性在一定程度上取决于汇总层次。对于企业来说，如果未来的计税价格取决于当前的研发投资水平，就像某些国家在某些时候所做的那样，考虑到当前产出对企业未来研发和产出状况的影响，计税价格可能内生于当前产出。如果无论企业当前和未来的税收状况如何，计税价格都是相同的，这就不太令人担心了，尽管在这种情况下，不同企业之间的识别存在有限差异。涉及资格变化的准自然实验是这种情况下的解决方案，如 Dechezleprêtre 等（2016）和阿格拉瓦尔、罗塞尔和西姆科（2020）。

在研究国家层面的研发税收政策与增长之间的关系时，问题就大得多。低生产率增长或低研发支出是引入和加强研发税收激励的一个驱动因素。在附录中所示的 20 个国家中，近年来研发计税价格与国家研发强度之间的原始相关关系并不是预期的负相关，而是正相关，等于 0.38，这为上述观点提供了支持。对国家研发强度均值的控制随时间变化在一定程度上削弱了正相关关系，但仍显著为正。在任何情况下，如果我们关心的是研发税收抵免对研发和绩效的影响，固定效应估计是不合适的。因此，在这种背景下，使用计税价格作为研发政策工具，需要一个更加谨慎的动态模型来控制研发的历史和成本。

5.4.3　专利盒

对专利盒有效性的评估在某种程度上取决于它们试图实现什么。它们的实施是为了防止应税收益转移到低税率国家，还是为了鼓励知识和无形资产在一个国家内的生产？此外，一些人质疑专利盒的存在可能会导致专利所有权转移到这样的国家，专利对于这些国家除了增加一些可以征税的额外企业收益（以较低的税率）外，对经济没有任何积极的好处。

人们对专利盒进行了大量研究，从不同方面探讨了这些问题。在实践中，各国专利盒特征的差异，以及引入专利盒的国家数量的有限，意味着将专利盒用作"自然实验"产生的结果有些不精确，有时甚至相互矛盾。考虑到所有的特征，对于识别它们的影响几乎没有变化。此外，即使没有专利盒，也始终有可能将专利收益转移到低税收管辖区，因此人们可能会认为，由专利盒引起的额外专利转移规模将是很小的（巴特士蒙和比瑟姆，2003）。

格斯勒、霍尔和哈霍夫（2021）进行了一项调查研究，该研究着眼于引入专利盒对一个国家专利流入和流出的影响研究。其后，我们使用我们自己的数据和专利盒的几个特征调查了这个问题，检验了向专利盒国家转移专利的动机，以及对该国可申请专利的发明和研发的影响。我们能够将分析时间延长到 2016 年，到那时，有 17 个国家的专利盒至少存在了两年。

我们通过对文献的回顾发现，有大量的研究着眼于税收和专利之间的关系，其中的一个子集考察了专利盒和专利的位置。几乎没有人研究过专利盒的其他影响。总体而言，企业税收水平似乎会降低在一个国家设立专利的动机，这与阿克西吉特 Akcigit 等（2018）采用美国各州数据的发现一致（贝姆等，2015；格里菲斯、米勒和奥康奈尔，2014；Karkinsky 和里德尔，2012）。

许多其他研究者研究了专利盒引入后专利位置和所有权转移的证据（Alstadsæter 等，2018；博森贝格和埃格，2017；布拉德利、多希和罗宾逊，2015；恰拉梅拉，2017）。总体来说，尽管研究方法有很大差异，专利所在地和转让都对较低的专利收益税率有反应，方法差异表现在：从专利、国家或企业观察层面的不同；所观察的专利集的不同（仅在授予前或包括授予后）；是否审查初始位置或转让。由于这种差异性，我们很难从各种估计中提取出影响的精确程度。格斯勒、霍尔和哈霍夫（2021）发现对转移的影响是适中的：如果潜在接受国的企业税率和专利所得税税率之间的差距下降 10%，就会导致未来三年专利转让增加 18%，其中大部分影响将在最后一年产生。然而，就像 Alstadsæter 等（2018）和布拉德利、多希和罗宾逊（2015）的研究一样，我们发现如果对现有专利和从国外获得的专利有进一步的开发要求，那么影响就会消失。由于 BEPS 的联系需求已经消除了单纯从转让专利中获益的能力，我们预计专利盒对转让的影响将在未来消失。

格斯勒、霍尔和哈霍夫的一个有趣发现是，专利转让企业的专利所得税税率的大小显著影响了专利所有权的转移；如果专利收益的税率变化 10%，专利转移就会减少 18%。这一结果与引进专利盒是为了保留专利所有权及在国内的相关活动而不是吸引新专利的观点完全一致。

专利盒的存在是否会增加一个国家可申请专利的发明？从总体数据中我们很难看出这一点，因为在此期间所有国家的专利申请都呈上升趋势。为了检验这个问题，格斯勒、霍尔和哈霍夫对国家每年欧洲专利（EP）申请的对数与专利盒税率、企业税率、人口对数、人均 GDP 对数、人均 GDP 研发对数以及国家和年份虚拟变量进行了回归估算，发现专利盒对专利发明的影响不显著。我们也发现了对企业研发支出水平影响也存在类似的不显著结果。如果转移的专利没有进一步开发的要求，该国的专利发明和商业研发就都会明显下降。也就是说，为降低税收专利使用的需要进一步开发的要求，对国内的专利发明或研发没有影响。一旦这一要求到位（正如关联原则所要求的那样），国内创新似乎就会受到抑制。但是，我们应该注意，这一结论是在调查的国家数量有限和样本量很小的基础上得出的。

另一篇研究专利盒对研发影响的论文是莫南、范坎和斯巴根（2017），他们发现荷兰的专利盒政策导致研发人员工时增加。这可能反映了专利盒（实际上是一个创新盒）在该国管理方式上的差异，因为它自 2010 年以来涵盖了非专利研发。

总结这些研究结果，我首先得出结论，一国引入专利盒政策会减少专利所有权的转移。它们还会导致该国获得一些专利转移，但前提是专利盒能够覆盖无开发条件的现有和 / 或已获得专利的收益。此外，CFC 规则确实减少了跨国企业的专利所有权转移。按通常指标衡量，更有价值的专利是转让获得的专利，这证实了专利价值指标与相关发明 / 创新产生的收益之间的关系（Alstadsæter 等，2018；杜道尔、施彭格尔和沃盖特，2015；格斯勒、霍尔和哈霍夫，2021）。然而，几乎没有证据表明，在控制了国家特征和总体时间趋势的情况下，专利盒政策的引入增加了国家可专利化的发明或研发投资。

5.5 美国的研发所得税抵免

5.5.1 历史与现状

在美国，研发税收抵免（称其为研究和实验税收抵免更恰当）有着悠久而多样的历史。它最初是作为一种增量抵免在 1981 年引入的，经济学家很快就指出这种设计是有缺陷的，因为有远见的企业会认为有效的抵免率远远低于法定抵免率（表 5-2；阿特舒勒，1989；艾斯纳、艾伯特和沙利文，1986）。为此，1990 年，增量抵免的滚动基数改为固定基数，由 1984 年至 1988 年研发与销售比率乘以当期销售额确定。这个基础仍然在使用，随着时间的推移，它变得越来越不重要。

自该政策出现以来，符合抵免条件的研发支出一直仅限于 QREs，通常占研发总额的 65%~75%，不过拉奥（2016）使用收益统计数据中的一小部分企业样本，报告称 QREs 仅占研发总额的 37%①。这有两个原因：希望针对更有可能产生溢出效应的支出；将税收抵免的成本降低。"合格研究"的定义是依赖于硬科学的研究，旨在解决与新的或改进的业务组件的开发、产品、流程、内部使用的计算机软件、技术、公式或发明等相关的技术不确定性，以便在纳税人的贸易或业务中出售或使用。定义的重点是测试的需要，以解决工程，计算，生物，或物理科学的不确定性和运用问题。如果研究通过了这个检验，QREs 的定义如下：

- 为合格服务支付给员工的工资（实际为支出的 69%；美国国会，技术评估办公室，1995）。

- 日常用品，不包括土地或研发过程中使用的可折旧有形资产（约 15%）。

- 65% 的合同研究费用支付给第三方进行合格的研究，无论是否成功（约 16%）。

因此，这里主要排除的是用于研发的资本支出（通常约占成本的 10%），以及一些用于营销或其他目的的后期开发和社会科学研究。开发涉及不确定性的解决程度是审计争论的主要领域。

美国的 R&E 税收抵免政策自推出以来，除了 1995 年 7 月至 1996 年 6 月之间的一年停滞外，已经连续更新、延长和扩大了至少 16 次。截至 1996 年 7 月，抵免额一般是根据下列公式计算：

---

① 在拉奥的案例中，这个百分比的分母也包括在美国以外进行的研发，这是不合理的。这解释了为什么她的估计结果更低。

20%×（符合条件的研究费用减去基础金额）+20%×（基本研究经费）

基础金额等于固定基准百分比乘以纳税人在前四个纳税年度的年平均总收入。基础金额不得低于纳税人当前纳税年度 QREs 的 50%。固定基准百分比是指 1984 年至 1988 年纳税人的 QREs 与同一时期总收入的比率。1996 年实行时，固定基数百分比不得超过 16%；目前，基础金额的限制是研发总额的 50%。对于新成立的企业（用于抵免有特别定义），固定基数百分比一般为 3%，但逐渐变化到由创业第 5 年至第 10 年确定的基数。所有这些数字都必须在收购或处置的情况下进行调整，并服从重获企业税率，降低其水平。它们还需要缴纳替代性最低税（AMT）。最后，基础研究经费是根据合同支付给大学或非营利组织的经费。

随着 2015 年 PATH（保护美国人免受加税）法案的生效，研发税收抵免成为永久性的，而不是临时的。此外，有两个例外情况被排除在 R&E 抵免 AMT 义务之外：过去 3 年平均总收入低于 5000 万美元的小型企业除外；小型企业可以申请高达 25 万美元的 R&E 税收抵免，作为对老年、遗属和残疾保险税的雇主份额的工资税抵免。现行制度包含两种计算抵免额的方法，它们在基础金额的定义上有所不同：常规的固定基数等于前四年平均总收入额乘以 1984 年至 1988 年期间研究费用与总收入的比率；替代性简化抵免额（ASC），将固定基数定义为前 3 个纳税年度平均 QRE 的 50%。普通抵免额的法定抵免率是 20%，而 ASC 的专用抵免额的法定抵免率是 14%。对于企业在本年度不纳税的情况下，也有 2 年和 20 年的抵免结转。

通过几个假设的场景来说明 R&E 税收抵免计算的复杂性是有帮助的。我在这里提出三个：常规抵免；ASC；针对初创企业的特别规定。这三个例子都避免了在发生损失时结转所引起的复杂情况，也避免了可索赔金额的上限。常规抵免假定企业在 1984 年至 1988 年期间以类似的形式存在。一个可以从常规抵免中受益的企业案例如下：假设 1984 年至 1988 年的 QRE 总额与销售额的比率为 8%，在随后的一年里，该企业在 100 亿美元的销售额中花费了 9 亿美元（QRE 强度为 9%）。常规抵免的固定基数为 8 亿美元 =0.08×100 亿美元，可用抵免为 0.2×（0.9-0.8）=2000 万美元。如果我们假设在计算年度之前的 3 年里，QRE 和销售额大致不变，那么企业的 ASC 将为零，因为固定基础将与当前的研发相同。所以从 20 世纪 80 年代到现在，相对稳定但 QRE 有所增长的企业将更倾向于常规抵免。显然，随着时间的推移，这一比例将会下降，这既是因为企业的退出，也是因为企业在 20 世纪 80 年代末的状况与目前的支出将变得不那么相关。

ASC 计算更有可能有利于销售额增长、QRE 强度保持不变或随着时间的推移而下降的企业。它也适用于更多的企业，因为它不需要 20 世纪 80 年代的数据。例如，考虑一家企业，其 5 年的销售额分别为 50、55、60、65 和 70，其同期 QRE 强度为 0.05。最后两年的固定基数为 2.75 和 3，这意味着抵免额分别为 0.14×（3.25-2.75）=0.07 和 0.14×（3.5-3.0）=0.07。假设该企业在 1984

年至 1988 年不存在，或者其 QRE 强度在此期间高于 0.05，在本例中，该企业将选择 ASC，因为常规抵免的收益率为零[①]。

图 5-3 显示了 2001 年至 2014 年间研发抵免不同计算方法实际使用的演变情况；不幸的是，2001 年之前或 2014 年之后的网站上没有收入统计（SOI）的详细信息。数据显示，2006 年至 2012 年间，用于抵免的金额翻了一番，而 ASC 在抵免中所占的

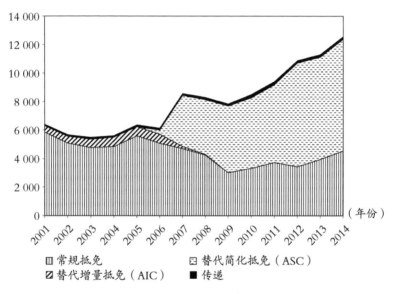

□ 常规抵免　　　　　　　　□ 替代简化抵免（ASC）
▨ 替代增量抵免（AIC）　　■ 传递

图 5-3　美国国家税务局（Internal Revenue Service，IRS）第 6765 号表格中所申报的 R&E 抵免总额（百万美元）

来源：美国财政部收入统计（US Department of Treasury Statistics of Income，SOI），https：//www.irs.gov/statistics/soi-tax-stats-corporation-research-credit。

———————————

① 这一分析忽略了当期 QRE 的增加对未来可用抵免额的影响。这种影响会降低抵免的总价值，但不是零，所以相对于常规抵免，ASC 仍然是首选。

份额也不断增加。在 2009 年取消替代增量抵免（AIC，在附录中描述）之前的小额索赔，说明了它的终止，支持 ASC。图 5-3 还显示了所谓的由 S 类企业、合伙企业和 C 类独资企业申报的抵免额传递量，它们只占整个时期的很小一部分。

由于多种原因，该企业实际承受的 R&E 抵免率远低于法定抵免率（20% 或 14%）。表 5-1 给出了说明这一点的一些计算；美国税务分析办公室（OTA）是以 2013 年的企业纳税申报单为样本的，并假设贴现率为 5%。首先要注意的是，大多数回报和由 QRE 加权的回报选择使用 ASC 计算，这取决于过去 3 年的 QRE，因此对未来可用抵免的影响与前者 AIC 类似。该表格分析了三种情况：一家企业使用常规抵免，但不受 QRE 基础金额为 50% 或更高要求的约束①；一家企业使用常规抵免，但受 50% 要求的约束；一家企业使用另一种替代简化抵免。

表 5-1　2013 年按计算方法划分的企业纳税人法定、实际和平均 R&E 抵免率（百分比）

税率	常规方法：不受最小基数的约束	常规方法：受 50% 最小基数约束	替代简化抵免法（ASC）
法定抵免率	20	20	14

① 在 2013 年，这一要求意味着，自 20 世纪 80 年代末以来的约 25 年时间里，该企业的研发增长率每年必须比销售增长率高出 2.5 个百分点。因此，只有一小部分企业不受常规方法的约束也就不足为奇了。

续表

税率	常规方法：不受最小基数的约束	常规方法：受50%最小基数约束	替代简化抵免法（ASC）
降低的抵免率（由于重新获取）	13	13	9.1
无结转的实际抵免率①	13	6.5	5
伴有平均结转的实际抵免率②	10.7	5.3	4.1
平均抵免率③	5.6	6.5	5.2
收益份额④	5	44	51
合规研究支出（QREs）份额⑤	3	28	69

注：①假设企业在本年度有足够用于全额抵免的纳税金额。

②根据美国财政部税收分析办公室（US Office of Tax Analysis，OTA）的计算，平均82%的本年度抵免额度最终会被使用。

③④⑤根据美国财政部税收分析办公室（US Office of Tax Analysis，OTA）使用2013年美国财政部收入统计（US Department of Treasury Statistics of Income，SOI）的企业样本计算。在计算相应的字段中未报告的收益信息则会被丢弃。这就排除了9%的收益份额，而这只占已报告抵免份额的1%。

资料来源：美国财政部（2016）。

　　表5-1的前两行显示了相关的法定抵免利率，以及在35%的企业所得税税率下，由于重新获取而降低的抵免利率。第三行显示了没有结转的有效比率。这个计算包含了当年增加QRE对未来基数的影响。请注意，罕见的无约束情况对未来基数没有影响。这一结果正是1989年立法的初衷。显然，随着时间的推移，越来越多的企业使用ASC，这种意图已经消失。第四行修正了有效税率，因为在许多情况下，由于某一年的税收不足，抵免将被

结转。在某些情况下，由于企业退出等原因，抵免将丢失。这进一步降低了有效边际抵免利率。第五行显示了平均抵免率。也就是说，要求的抵免除以 2013 年选择了三个场景中的每个场景的索赔人的 QRE 总额。

请注意关于该表的三个观察结果：第一，三种方法下的平均抵免利率（抵免额 /QRE）惊人地相似。第二，除了很少使用的无约束常规方法外，平均抵免利率与边际有效利率没有太大区别。第三，边际有效抵免利率相当低，这与经合组织（2019b）的数据一致。该数据表明，美国为研发提供的税收补贴低于其他 30 多个提供税收抵免的经合组织国家。

5.5.2　所得税抵免制度设计的几点思考

之前有人提出，针对创新的税收政策设计的相关考虑包括对企业的显著性、适当的时间范围、针对私人回报率与社会回报差距较大的领域，以及降低审计成本。除此之外，我们还应考虑到与政策收益相关的成本。在本节中，我将考虑，针对这些目标，R&E 税收抵免是否有可能得到改进。

目前对 R&E 税收抵免的利用表明，它对许多企业来说是可见的。霍尔茨曼（2017）报告了对 40 家不同规模和行业的企业的首席执行官、首席财务官和税务总监关于 2015 年 PATH 法案变化的简短调查结果。其对于接受度和增加研发方面均存在积极的影响，特别在影响的长久性上。但是，事实上，大多数企业已经转向 ASC，它使用新的 QRE 支出来构建基数，这表明当前的有效抵免率（边际或平均）可能大大低于立法所预期的 14% 或 20%。在经合组织（OECD）经济体中，美国是有效税率最低的国家之一。如果目标是鼓励以社会回报远高于私人回报为理由大幅增加研发支出，那么使用更高的抵免率以及增量抵免形式将是可取的，以避免超边际税收收入的损失。

关于目标，附录中展示了一些关于创业企业抵免操作的详细计算。这些数据表明，初创企业获得的 R&E 税收抵免比成熟企业更容易，至少对高研发强度的企业是如此，但大约 5 年后，由于上述相同的原因，这种激励会大幅下降。目前的设计是否接近最佳还是一个悬而未决的问题。

关于抵免的设计还有一些悬而未决的问题。第一，为盈利企业重新获得抵免有意义吗？其结果是为亏损企业提供的抵免率高于盈利企业。第二，为了审计目的，用会计准则定义合格的研发是否会更简单？是不是既能简化记录又能简化审计？这将使 QRE 增加约 40%，从而对抵免成本产生影响。

5.6　结论与讨论

在本章中，我回顾了旨在鼓励创新活动的主要税收政策及其有效性的证据。最有力的结论并不是崭新的：研发所得税抵免确实增加了研发投入，而且大致可以收回成本，因为增加的支出达到或超过了税收损失。对于研发对技术空间上相近的企业具有溢出效应这一命题存在相互矛盾的证据，对这一问题仍需开展更多的研究来证实。此外，我们对由抵免诱发的研发对研发收益的具体影响鲜有研究，根据理论预测，如果研发资金成本下降，那么研发收益应该也会下降。有关研发所得税抵免的文献还表明，与更复杂的所得税抵免方案相关的审计和遵从成本的增加可能也是不合理的。

但是，有人可能会说，引入知识产权盒在一定程度上是为了获取一个更宽泛的创新活动概念，而不单单仅是与研发相关。尽管这可能是正确的，但在许多情况下，除了用所得税抵免补贴研发成本外，它还具有对成功研发的奖励效果，并且由于前文中讨论过的那些原因，它可能并不是用来更广泛地激励创新活动这一问题的理想解决方案。人们希望政策制定者在未来能开发出更好的方法，研究者可以针对知识产权盒的非专利使用及其有效性开展进一步的研究。

基于这一回顾，一些更广泛的政策问题浮出水面。目前的税收补贴是否足够？也就是说，各国是否为研发和创新活动提供了足够的支持？众所周知，尽管测量不精确，但研发本身的社会收益远远高于个人收益。（微观证据：霍尔、迈雷斯和莫南，2010。"宏观证据"：科和赫尔普曼，1995；考、Chiang 和 Chen，1999；凯勒，1998。）

在更详细地研究国际溢出效应的证据时，布兰施泰特（2001）和佩里（2004）发现国内的溢出效应大于来自其他国家的溢出效应，而帕克（1995）和 van Pottelsberghe（1997）发现，与美国、日本和德国相比，来自外国研发的溢出效应对较小的开放经济体更为重要。接受国的吸收能力对于利用研发溢出效应也很重要（盖莱克和 van Pottelsberghe，2001）。所有这些都表明，最佳政策可能因国家大小、开放程度和发展水平而异。琼斯和威廉姆斯（1998）使用内生增长模型驳斥了一个相当极端的观点，他们认为美国的社会最优研发投资至少是实际投资的四倍。

尽管这些文献大多关注的是研发，而不是更广泛的创新活动，但结论是，对创新的税收激励应该比现在更大，而且更大经济体的税收激励对全球福利更重要。这些证据还突显了第二个问题：如果这些政策能够在不同国家之间很好地协调，是否会实现更高的福利？如果是这样，该怎么做呢？协调可能是个好主意，原因有两个：存在跨境溢出效应，以及避免无用的税收竞争。

美国各州以及整个经合组织（OECD）和欧盟（EU）都发现了后者。

布卢姆、格里菲斯和范·雷南（2002）利用 1981 年至 1999 年经合组织 8 个大型经济体的数据发现，国内研发对国外研发成本的反应弹性与对国内研发成本的反应弹性大致相同且相反。科拉多等（2015）在 1995 年至 2007 年的 10 个欧盟国家中发现了类似的结果。威尔逊（2009）在美国各州也发现了类似但更大的结果，美国研发的流动性更高。然而，请注意，正如帕克和 van Pottelsberghe 所指出的那样，相等和相反的弹性并不意味着零和效应，尽管它们确实意味着全球研发总额将对较大经济体的研发税收抵免做出更强烈的反应。施瓦布和 Todtenhaupt（2018）的一项相关发现是，当欧洲跨国企业在其运营的国家引入专利盒时，它们的专利申请和研发活动总体上都会增加。这一结果表明，创新激励的全球影响可能是积极的，正是因为跨国企业倾向于将创新活动安置在较大的国家。

附录

B 指数

"B 指数是衡量一个'有代表性的'企业所产生的税前利润水平，以实现在边际的、单一的研发支出上的盈亏平衡（沃德，2001），考虑到税收系统中允许对研发支出进行特殊征缴的规定"[①]，其定义如下：

$$B-index \equiv \frac{1-A}{1-\tau}$$

其中 τ 为企业纳税税率，A 表示由于研发支出（抵免、加计扣除和研发设备投资所增加的任何折旧费）所导致减少的税收总和。如果像在大多数国家那样，研发只是单纯的支出，即 $A = \tau$，则 B 指数为 1。有关进一步的细节以及当损失可被向前或向后结转时更为复杂的公式，请参阅脚注中的参考资料。

增量所得税抵免

与普通投资不同，研发支出一旦被建立，往往会是一个企业中年复一年源源不断的投入（霍尔，1992；霍尔、格里利克斯和

---

① 来源于 OECD（2019a）。

豪斯曼，1986）。增量研发所得税抵免的吸引力在于其是把边际决策作为目标来增加研发的投入，而不是使用无论怎样都将会给予的超边际研发补贴。缺点则是每个企业各有各的不同，要弄清楚一个企业在补贴前的研发水平，最好的方法是查看其过去的历史。因此，增量抵免往往是基于企业自身的研发历史，这意味着企业可直接影响其未来的抵免可用性。

图 5-4 举例说明了使用增量抵免来补贴一家有既定持续研发预算的企业可节省的税收成本。此图假设税务当局能够精确地确定 R_0 点，此点是为了降低资金需求成本以促使企业增加研发投入至 R_1。在增量抵免的情形下，图中灰色矩形显示了税收收入的损失（研发资金成本的差异乘以研发投入增长量）。为了在研发投入中获取相同的增量，我们要使用一个等级或数额的抵免来实现，这将花费图中灰色矩形和竖线矩形的成本总和，虽然效果相

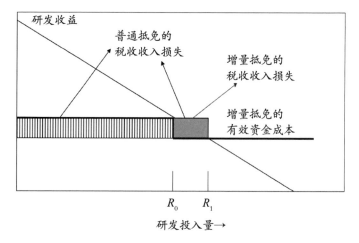

图 5-4　企业从 R_0 到 R_1 不断增加研发投入

同，但成本却要高得多。

正如艾斯纳、艾伯特和沙利文（1986）和阿特舒勒（1989）首次指出的那样，增量抵免的缺点在于它很脆弱，因为当前研发投入的增加会导致未来抵免可用性的减少。

下面的论点解释了为什么基于企业历史研发支出来设计增量所得税抵免是如此困难。各变量定义如下：

$\theta=$ 所得税抵免率；

$R=$ 研发投入；

$\pi=$ 当前利润；

$\Pi=$ 利润贴现值；

$\beta=$ 贴现率。

假设有资格获得抵免的支出高于过去三年研发支出的平均水平[①]。如果在第 t 年企业 R_t 以 ΔR_t 的幅度增长，则对企业的税收抵免优惠为 $\Delta \pi_t = \theta \Delta R_t$。然而，在未来三年，这一增长是在基础研发中，因此每年的成本为 $(\theta/3)\Delta R_t$。因此，在 t 年研发所增加的 1 个单位的边际税收效益并不是 θ，而是：

$$\frac{\partial \Delta \Pi_t}{\partial \Delta R_t} = \theta \left(1 - \frac{\beta + \beta^2 \beta^3}{3}\right)$$

表 5-2 显示有效的税收抵扣是一个面向企业的贴现率函数，基于上面的公式，对于两种不同的法定抵免率——20% 和 14%。前两列显示了根据 1981 年至 1986 年作为规则存在的针对受约束

[①] 这就是 1981 年美国首次引进该抵免政策时的情况。目前 ASC 使用了过去三年平均支出的 50%。

和不受约束企业的有效抵免率，而第三列显示了在当前 ASC 下的有效边际抵免率。

表 5-2　作为贴现率函数的有效抵免率

贴现率	有效边际抵免率	
票面抵免率	30%（1981 年的美国）	14%（ASC）
1.0	0.0	0.0
0.95	0.030 =0.3×0.10	0.077 =0.14×0.55
0.9	0.057 =0.3×0.19	0.083 =0.14×0.59

在增量税收抵免的所有这些版本中能产生有效抵免的唯一原因是现在增加的研发投入对于未来基础研发成本来讲被贴现了。

美国初创企业的税收待遇

2015 年 PATH 立法包含以下关于计算固定基数的合规研究支出（qualified research expenditure，QRE）的规定，根据该规定我们可以计算符合税收抵免条件的增量。这一计算适用于在 1983 年 12 月 31 日后注册的企业，或在 1984 年 1 月 1 日至 1988 年 12 月 31 日期间合规研究支出（QREs）和收入均低于 3 年的企业。固定基数百分比按代码计算如下：

- §41（c）（3）（B）（ii）（I）自 1993 年 12 月 31 日起的前 5 个纳税年度，有符合条件的研究费用支出的纳税人，按照每人 3% 计算；

- §41（c）（3）（B）（ii）（II）第 6 个纳税年度，按照纳税人在第 4 和第 5 个纳税年度中符合条件的研究费用支出总额占该 2 年总收入的 1/6 计算；

- §41（c）（3）（B）（ii）（Ⅲ）第 7 个纳税年度，按照纳税人在第 5 和第 6 个纳税年度中符合条件的研究费用支出总额占该 2 年总收入的 1/3 计算；

- §41（c）（3）（B）（ii）（Ⅳ）第 8 个纳税年度，按照纳税人在第 5、6 和 7 个纳税年度中符合条件的研究费用支出总额占该 3 年总收入的 1/2 计算；

- §41（c）（3）（B）（ii）（Ⅴ）第 9 个纳税年度，按照纳税人在第 5、6、7 和 8 个纳税年度中符合条件的研究费用支出总额占该 4 年总收入的 2/3 计算；

- §41（c）（3）（B）（ii）（Ⅵ）第 10 个纳税年度，按照纳税人在第 5、6、7、8 和 9 个纳税年度中符合条件的研究费用支出总额占该 5 年总收入的 5/6 计算；

- §41（c）（3）（B）（ii）（Ⅶ）再之后的纳税年度，按照从纳税人第 5~10 个纳税年度中任意选择 5 个纳税年度中符合条件的研究费用支出总额占该 5 年总收入的百分比计算。

为了便于计算，由此产生的固定基数百分比需乘以纳税人在计算年度之前 4 年的总收入平均值[①]。固定基数百分比应仅为满足一致性规则或以收购或配置为目的进行的调整而更改。

图 5-5 至图 5-7 展示出了该计算形式对那些具有不同教研支

---

① 虽然没有特别提及，但似乎很清楚的是，如果可计算的年份少于四年，则应使用可获得年数的平均值。

出和销售额增长模式的初创企业的意义。

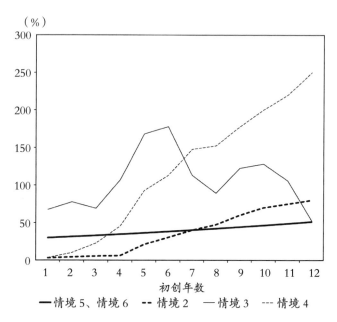

图 5-5　各情境下初创企业的销售额趋势

其中的 5 种情境为：

情境 1：稳定，随着教研支出的增加而销售额增长缓慢，销售额每年增长 3%；

情境 2：4 年期间销售额增长很慢，随后是相当快速的增长，伴随着销售额增长模式的建立，教研支出的强度随之下降；

情境 3：这一模式来自一家随机选中的高科技初创企业 Compustat，该企业的销售额增长虽不均衡但仍不间断，同时教研支出的强度也在迅速增长；

情境 4：高昂的初始教研支出伴随着快速的销售额增长，最

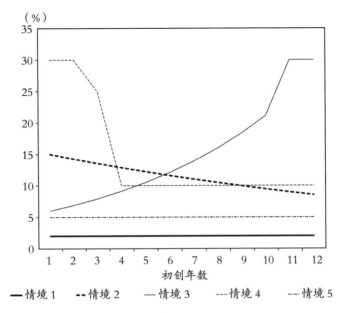

图 5-6 初创企业的合规研究支出（QRE）与销售额占比

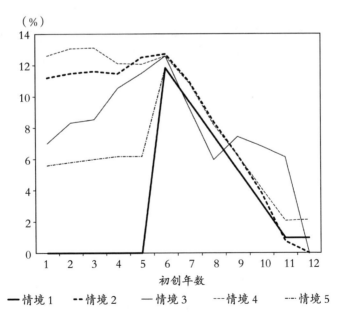

图 5-7 为初创企业提供的合规研究支出（QRE）所得税抵免份额

终将教研支出强度稳定在 15% 的相对较高水平;

情境 5:与情境 1 相同,但教研支出与销售额增长之比始终保持在 5% 恒定。

如果我已经正确地解释了计算规则,那结果确实有点奇怪。在第 6 年之前,平均抵免份额似乎或多或少与企业的教研支出强度是否超过 3% 有直接关系。然而,教研支出强度为 15% 或 30% 的企业之间的差异似乎并不大。不管怎样,在第 6 年,1/6 规则的影响是给所有合成企业(synthetic firms)一个平均抵免份额,即近乎法定的 14% 百分率,因为它们过去的权重曾在历史上被大幅度降低。在第 6 年之后,正如人们所预料的那样,除了销售额增长出现波动的情境外,无论增长与否,所有情景的平均抵免份额都出现了类似的下降。平均当然不是边际的,但其能反映出企业的显著特点,正如在企业纳税申报表上它同样显而易见一样。这也是当企业通过形式预测来评估适当的研发计划时所需要计算的内容。

如图 5-8 所示,考虑到当前边际税率的增长对未来固定基数的影响相当不规律[1],就情境 1 而言,初创企业由于在初始 4 年中的合规研究支出(QRE)强度相当低,因此其不符合所得税抵免条件。情境 4 和情境 5 始终符合抵免条件,因此当目前边际税率

---

[1] 在计算这些边际税率时,我使用了 0.95 的贴现率,这在美国财政部税收分析办公室(US Office of Tax Analysis, OTA)和其他企业的早期工作中得到了广泛应用。我也使用了完美预见来预测未来的合规研究支出(QRE)。

增长对未来 4 年抵免资格产生影响的这段时期结束时，初创企业的有效边际抵免率下降至接近于零。在企业初创后期情境 2 和情境 3 是不符合抵免条件的，因为企业的合规研究支出（QRE）强度已经停止增长，这反映在再次上升的有效边际抵免率上［初创企业的有效边际抵免率在未来时期仍然保持在基数以下，就意味着当前增加合规研究支出（QRE）的成本并不高］。

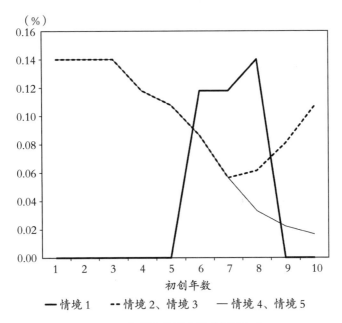

图 5-8　初创企业的有效边际抵免率

其他的图：2000 年至 2018 年世界各国的研发税收补贴率

图 5-9 和图 5-10 显示了大型盈利企业的研发税收补贴率（1- B 指数），这些企业获得了某些种类的研发税收抵免或加计扣除。

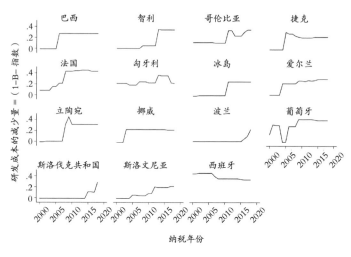

图 5-9　较慷慨国家的税收补贴率趋势

来源：OECD（2019c）。

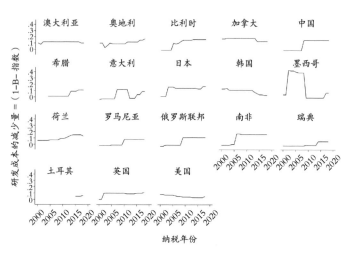

图 5-10　较不慷慨国家的税收补贴率趋势

来源：OECD（2019c）。

第 6 章

税收与创新：
我们已知多少？

乌夫克·阿克西吉特和斯蒂芬妮·斯坦切娃 [1]

---

[1]　乌夫克·阿克西吉特（Ufuk Akcigit）是芝加哥大学阿诺德·哈伯格
（Arnold C. Harberger）经济学教授、经济政策研究中心的研究人员、美
国国家经济研究局的研究助理。

斯蒂芬妮·斯坦切娃（Stefanie Stantcheva）是哈佛大学经济学教授、
经济政策研究中心的教员研究员、美国国家经济研究局的研究助理。

　　我们应该关注创新的原因不胜枚举。创新是技术进步的源泉，是长期经济增长的主要驱动力。阿克西吉特、格里格斯比和尼古拉斯 Akcigit，Grigsby，and Nicholas（2017）合作研究表明，在 1900 年至 2000 年美国创新最多的州，也表现出最快的经济增长。创新除了对经济增长起重要作用，还与社会流动性密切相关。特别是当创新主体为新的市场进入者时，社会流动性会进一步提高（阿吉翁等，2018；阿克西吉特，格里格斯比和尼古拉斯，2017）。此外，创新甚至与人们的幸福相关（阿吉翁等，2016）。

　　因此，政策制定者试图理解政策如何影响创新以及用什么政策工具可以促进创新的原因是显而易见的。激励创新在美国尤其紧迫，因为在最近几十年美国的商业活力逐渐下降。近期研究反映了美国商业活力多个方面的下滑现象：新企业的进入率降低、生产率增长放缓、劳动产出占总产出比例下降、市场集中度和公司利润份额上升。在这种背景下，税收政策可能是个有力的工具。在被正确使用的情况下，它能够为诸多经济活动提供有效激励。激励创新活动也不例外。政策运用不当会造成沉重的福利损失负担，影响激励机制，并使创新活动放缓。因此，实施适当的税收政策对创新活动很重要。

　　在这一章中，我们会讨论税收政策在支持创新活动中的不同作用，以及税收政策利用较低的财政成本促进技术进步的作用方式。我们知道，税收政策可以分为两大类：一般性税收政策（比如个人或者公司收入政策）和目标税收政策（比如研发税收抵免、对创新型企业的地方税收激励措施，以及对特定类型研究的补贴）。

在大众的认知中，创新活动经常被视为一个神秘的过程，这个过程中奇妙而重大的新事物几乎是被奇迹般创造出来的。当我们想到历史上开创性的超级发明家，比如托马斯·爱迪生（Thomas Edison）、亚历山大·贝尔（Alexander Bell）、尼古拉·特斯拉（Nikola Tesla），我们脑海中浮现的画面是一群勤奋而热情的科学家，他们不在意经济激励，只追求智力成就。但是创新活动是一项经济活动，是有目的的工作和投资的结果。相对于其他活动，创新活动可能确实会有不同的时间特征和风险回报形式。但也像其他类型的经济活动一样，从事这项活动的人们可能有着不同程度的其他动机，比如追求社会声望、对科学的热爱。创新对经济激励的反应有多强烈始终是一个实证问题。

一般性税收的设定通常是为了增加收入和重新分配收入。税收政策的设定通常没有把创新放在心上。然而，税收政策降低了创新投入的净回报率，进而可能导致创新活动的减少这样并不理想的副产品。这是一种需要考虑的效率成本，政府在制定税收政策（如劳动力供给或避税）时，还需要考虑其他更标准的利润率。根据创新损失对这些效率成本的估计，我们可能需要重新评估合理的税收水平，并将其作为最优税收公式（萨伊兹和斯坦切娃，2018）。针对创新的更具体的税收政策可以被有意地设计，以促进创新。重要的是，因为创新是一个由许多步骤组成的复杂过程，所以我们要了解税收政策可以发挥作用的所有边际。

在这一章，我们会提供思考一般性税收政策和针对性税收政策对创新影响的理论框架。面对各类税收政策，创新活动会通过不同的渠道和边界进行反馈。在第 6.1 节，我们对内在机制进行了刻画，并对其进行了可视化总结。我们深度挖掘了每一个作用渠道和影响机制。这一章的主要内容如下：每一个部分将重要问题进行了展示，并得出了对税收政策的启示[1]。文献回顾无疑是复杂的。因此，我们专注于与合作者所做的工作，并从中提取政策设计的含义。这项工作建立在全新的数据集上，如现代数据（比如，1975 年以来欧洲专利局的数据）或长期历史数据（如 1836 年以来所有美国发明家的数据）。它还使用新的理论和结构方法和模型，建立了从企业微观层面到其宏观增长影响的行为。

第 6.2 节关注了创新数量和创新质量对税收政策的响应。第 6.3 节聚焦于创新和发明家在美国各州和国家之间的空间流动性。第 6.4 节聚焦于美国下降的商业活力，以及特定政策如何提升企业进入和生产率。第 6.5 节研究了税收政策对企业、发明家和团队的质量构成的影响，以及如何通过正确的政策设计，使决策者能够培育最具生产力的企业，而不将公共资金浪费在生产力

---

[1]　在展示实证工作时，我们对研究方法的一些细节进行了描述，以便让读者更好地评估估计结果的可靠性。

较低的企业上。第 6.6 节展示了政策如何将研究导向不同的方向，例如，从应用研究导向基础研究，或从污染技术导向清洁技术。

6.1 税收政策通过何种渠道影响创新？

在本节中，我们从概念层面描绘不同税收政策对创新的影响，强调政策发挥作用的多种渠道。下面我将根据现有文献对图 6-1 所示的每个渠道进行讨论。为了组织这些内容，我在图中给出了概念框架的简单示意图。

（1）创新主体。创新是由企业或个人发明家完成的。这些关键创新主体由中间方框表示。发明家可以是个体经营者，也可以是企业的研发实验室的工作人员。

政策制定者必须考虑的企业和发明者的主要特征在图表中被展示出来。发明家和企业的生产率各不相同，也就是说，他们将研发和研究投入转化为创新的效率不同。企业和发明家的生产率构成将决定各种政策的影响，并将受到这些政策的内生影响。正如下面文献所强调的，对于单个企业来说，重要的不仅仅是它的整体质量，还包括它的研究团队质量和组成。企业可以处于其生命周期的不同阶段，从早期的初创企业到成熟的大型企业。同样，发明家也可以从年轻、没有经验的发明家开始，并通过长期的学习和经验来提高他们的技能。

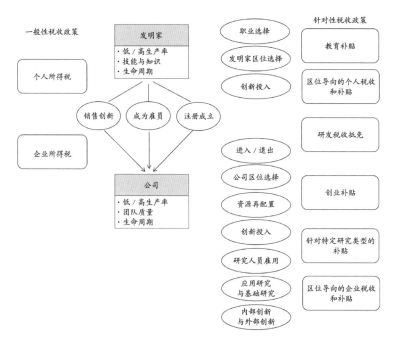

图 6-1　税收与创新：理论框架

（2）创新投入与创新行为。创新数量和创新质量都要求一定的创新投入。这些投入要么是有形的（比如，实验室空间、设备、物质资源），要么是无形的（比如，努力、工人的技能和技术诀窍、管理的效率）。

如图 6-1 中的圆圈所示，发明家和企业都可能有许多可以优化的利润空间，所有这些在原则上都可以响应不同的政策。发明家首先要做一个职业选择：到底要不要成为发明家？他们还需要决定他们是想自己创业还是受雇于公司。他们必须选择地理位置。无论他们是否为公司工作，他们都必须选择有形和无形的投入。一旦一项新发明被创造出来，他们必须选择是把它卖给一家公司，还是把它并入公司并围绕它建立一个业务。因此，创新和相关的收入流动可以从个人转移到企业部门。

企业必须选择是进入一个特定的市场继续运营还是退出。企业也要选择自己的地理位置（可能分布在多个地方），并且要根据生产活动或研发活动等不同类型而将不同业务安排在不同的地方。企业会根据实际对它们的创新和研发投入以及研发人员作出决策。它们还会选择是否将研究业务导向基础创新或应用创新（阿克西吉特、汉利和塞拉诺 – 维拉德，2021）。基础研究被定义为"在不考虑具体应用的情况下，为获得对所研究课题更全面的知识或理解而进行的系统研究"，而应用研究则是"为满足特定的、公认的需求而获得知识或理解的系统研究"①。此外，企业必须决定是进行内部创新（定义为改进现有产品）还是外部创新（定义为创造新产品或超越竞争对手的产品）。

（3）一般性税收政策和特定税收政策。影响创新的主要税收政策可以分为一般性税收政策（如个人所得税、企业所得税或教育补贴）、更有针对性的、针对创新的税收政策（如研发税收抵免、初创企业补贴、针对特定类型研究和研发的研究补贴），以及针对企业和发明家的特定区位布局激励。

---

① 国家科学委员会（National Science Board），"科学和工程指标 2018"（"Science and Engineering Indicators 2018"）https：//www.nsf.gov/statistics /2018 /nsb20181 /digest /sections /glossary–and–key–to–acronyms.

对于一般性税收政策，发明家和企业原则上都会受到个人和企业所得税的影响。对于发明家来说，个人所得税直接影响他们税后收入。对于自我雇用的发明家来说，企业所得税在他们决定是否成立公司时至关重要。对于受雇的发明家和企业来说，任何盈余分享都意味着个人所得税和公司税都会影响收益。企业所得税对企业研发决策的影响程度取决于可支出的研发投入的份额；在全额报销的情况下，企业所得税应该不会影响研发投资决策。这还取决于固定成本的存在和规模，这些成本必须通过未来的净税收入流动来收回①。公司在决定雇用多少研究人员时也会考虑个人所得税，因为在税收更高的条件下，他们必须支付一些补偿性的差异。教育补贴可以激励影响人们选择成为高技术发明家所需的技能。企业和非企业发明家对税收政策的反应可能不同：一方面是因为他们的收益可能受到税收政策的不同影响；另一方面是因为他们从事创新的动机可能不同（这可能是他们进入企业部门或一开始就不进入的原因）。

对于更具有针对性的政策，研发税收抵免可能会影响企业决策的全过程，并改变发明家注册公司与受雇于企业的相对收益。针对初创企业的补贴可以促进企业进入市场，针对特定类型研究（比如，基础研究或应用研究）的补贴可以影响创新的方向。同

---

① 根据下文的经验证据，我认为很可能存在低于全额费用和 / 或固定成本的情况，因为企业所得税确实很重要。许多研发投入要么是不可观察的（如无形的投入），要么是难以衡量的。

时，区位导向的政策可以吸引企业和发明家到特定地区布局。

（4）对税收政策的反应。所有这些不同税收政策和补贴政策的弹性是行为弹性和技术弹性的复合弹性。行为弹性衡量的是企业和发明家如何根据政策变化调整他们的行动。技术弹性反映了创新产出（数量和质量）对每一项行动的敏感性。考虑到技术弹性，人们可以想象两种极端情况：一种情况是"牛顿坐在树下"，这种情况下苹果掉落，创新自然发生，是一种完全无弹性的情形；另一种是则是一个非常机械的创新过程，这个过程中，更多创新投入会自动地变成更多创新产出，比如，如果测试更多新的化学组合会带来发现新材料概率的成比例放大。同样，当考虑到行为弹性时，人们可以想象"疯狂的天才"的两个极端；一方面是他们只为了对科学的热爱而创新，另一方面纯粹是利润驱动的企业家。因此，所有创新行动的弹性，以及由此产生的创新的弹性，都是经验问题。

（5）动态性。创新是一种具有投资属性的活动，这项活动涉及前瞻性行为，因为现在的前期成本可能会在未来产生持续的收益。因此，发明家和企业会对这些投资收益的净现值形成预期，而这些预期会受到上述一系列政策以及其随时间的预测变化所影响。比如，如果企业预期到公司税率会在不久的将来上升，那么相对于预期公司税率下降，它们的创新收益的净现值会降低。由于税收政策难以预测，因此，预期的形成成为代理人决定是否创新以及进行多少创新的问题。

除了这些前瞻性的影响，创新对政策变化做出反应所需的时间也可能滞后。创新需要时间来产生，而行为的改变和创新的产生之间的时间跨度也是一个经验问题。根据不同的政策，滞后时间可能不同。例如，正如我们将在下面展示的，教育政策比研发税收抵免需要更长的时间才能发挥作用；与支持清洁创新的研究补贴政策相比，碳排放税见效更快，但成本更高。

（6）从微观到宏观：个人层面和整体经济范围内的反应。对税收政策的反应取决于分析的层次。在个体厂商和发明家的层面上，上述所有反应边际在原则上都可能发生。一旦放大到更宏观的层面，例如，美国的地方或州，或世界上的不同国家，额外的影响将在微观层面上叠加。例如，要素可以在不同地区间流动，导致重新分配，这对于增加整体价值的影响是不确定的。以美国各州为例，从宏观上看，州一级的部分反应可能是纯粹的商业窃取和跨州溢出，而联邦层面的创新没有相应的增加。要素的国际流动也是如此。此外，在宏观层面上，税收的影响可以通过与税收政策相关的其他特征而增强或减弱，如研究基础设施或便利设施，以及创新中心的形成。当阅读实证文献时，重要的是要记住分析的层次，避免不顾其他层次的外推。

（7）测度创新。我们如何才能最好地测度创新和增长？本章描述的文献主要使用专利数据，这些专利数据来自欧洲专利局、美国专利商标局、国际专利合作条约和历史专利记录。然而，也有些研究用企业增长或研发支出作为创新活动的代理变量。当然，用这些方法中的任何一种来系统地衡量"所有"创新都是不可能的。以专利为例：一部分发明并没有获得专利。从本质上看，专利与创新的数量高度相关，因此是一种主要的衡量方法，可以揭示围绕创新的问题，有时可与前面提到的其他方法结合使用[①]。为了衡量创新的质量，一个常用的指标是一项专利的被引用量，这已被证明是经济价值的代理变量，并能够显示一项发明对后续创新的重要性（霍尔、贾菲和特拉伊滕贝格，2005；贾菲和特拉伊滕贝格，2002）。专利权利要求的长度也被用来衡量一项创新是渐进的还是激进的（阿克西吉特和阿泰斯，2021）。

6.2　创新质量与创新数量

转向文献，我们首先概述一般性税收（个人所得税和企业所得税）对创新数量和创新质量影响的一些最新研究发现。

（1）研究内容。在整个 20 世纪，美国税法经历了重大变化。这些税收变化是否影响了个人或企业层面的创新？由于缺乏关于

---

① 阿伦德尔和卡巴拉（1998）Arundel 和 Kabla（1998）发现，在纺织等低技术产业中，获得专利的创新占比非常低（8.1%），这些产业主要是工艺创新，而在制药业等高技术产业中，专利占比很高（79.2%）。佩特拉·莫塞尔（Petra Moser）认为，从历史上看，获得专利的创新所占的份额一直在 50% 左右（艾琳·布朗 Eryn Brown：《专利发明创新吗？》，Knowable Magazine，2018 年 3 月 13 日，https：//www.knowable magazine.org/article/society /2018 /do–patents–invent–innovation）。在这篇布鲁金斯 1989 年的论文摘要中，曼斯菲尔德（Mansfield）发现 60% 的汽车工业创新和 80% 的制药工业创新都有专利。https：//www. brookings.edu/wp–content/uploads/1989/01/1989_bpeamicro_summary.pdf。

美国创新的长期系统数据，以及识别税收影响的困难，这个具有挑战性的问题在很大程度上没有得到回答。阿克西吉特、格里格斯比和斯坦切娃（2018）构建并利用来自历史数据源的全新数据集来阐明这些问题。在该研究中，他们构建了 1920 年以来的美国发明家的总体及其相关专利、引用和企业组成的面板数据，以及一个州层面的企业所得税历史数据库。他们将这些数据与个人所得税和其他经济结果的数据合并在一起。这一独特的数据组合使作者能够系统地研究 1920 年以来个人和企业所得税对个人发明家（即微观层面）和国家（即宏观层面）的影响。

例如，创新成果包括创新的数量（通过专利数量来衡量）、创新的质量（通过专利引用来衡量），以及在宏观（国家）层面和微观（个人发明者）层面上分配给公司而非个人的专利份额。

要令人信服地识别税收对创新的数量和质量的影响是具有挑战性的，因为当一个州的一般税收政策发生变化时，它可能是对经济条件变化所做出的响应。它可能会与其他政策变化同时发生。这两者也可以独立地影响创新结果。因此，作者从多个角度探讨这个问题，都得到了一致的结果。首先，他们控制一组详细的固定效应，包括州、年，以及在个人层面上的发明者固定效应，加上个人或州层面的时变控制。这对吸收那些因州、年或发明家不同而不同的未观察到的因素大有帮助。此外，他们还控制了州内不同税级（例如，最高税级与中位数税级）的人之间的税收差异。这使他们能够控制州和年度层面上的变化，并过滤掉可能在州内同时发生的其他政策变化或经济环境。其次，在宏观和微观层面，作者使用了工具变量策略，包括预测企业或发明家所面临的总税负——这是州税和联邦税的综合，只考虑联邦税率的变化，保持州税固定在过去的某个水平。这提供了仅由联邦层面变化驱动的变化，因此对任何单个州来说都是外生的。

（2）主要发现。高税收对创新数量和创新地点产生了负面影响，但对平均质量没有影响。州层面的创新活动对税收的弹性很大，但它们与个体发明人层面的创新产生的变化和跨州流动对税收的反应总和一致。

在个人发明家层面，个人所得税会显著负向影响发明人的专利数量，以及他们生产一项高引用的专利或为公司产生重大价值专利的概率；同时，对平均专利质量的影响较小。专利对个人净税率的弹性约为 0.8，对引用量的弹性约为 1。企业所得税只影响企业发明人的创新，对非企业发明人的创新没有影响。企业发明人的专利弹性相对于净税率为 0.49、引用量弹性为 0.46。

（3）发明地点的选择也受税收影响。发明家显然不太可能搬到税收更高的州。居住在一个州的发明家数量对个人净税率的弹性介于 0.10 到 0.15 之间，对于州外的发明家，弹性介于 1.0 到 1.5 之间。企业税率弹性分别为 0.4 和 2.9，平均流动弹性为 1。企业发明家在选择居住地点时只考虑企业所得税，但非企业发明家同时要考虑企业所得税和个人所得税。因此，上述企业所得税在州层面的影响主要来自流动性响应，而这种影响在联邦层面更有可能是零和的。个人所得税的影响既来自流动性响应，也来自创新产出的响应，这在联邦层面并非零和。

就动态效应而言，创新对一般个人和企业所得税的反应是滞后的：这种反应在税改一年后开始，并在接下来的三年持续增加。尽管如此，理论上税收也可能存在前瞻性影响。因为创新是一种投资型活动，可能在未来一段时间内产生一系列投资回报，但在实际数据中并没有观察到税率的"领先"影响。这可能是因为，就平均而言，当期税率可能是未来税率的最佳预测指标。

（4）政策启示。整个 20 世纪，创新似乎一直在对税收政策做出反应。就反应幅度而言，在个体企业和发明者水平上的反应比我们在制定税收政策时通常考虑的其他标准边际要大一些，如劳动力供给或整体应纳税收入弹性。这意味着，在税收评估中应考虑一般税收在创新层面的效率成本。此外，政策制定者和分析人士在从州一级的反应推断联邦一级的反应时需要非常谨慎。正如所强调的，州一级的反应被跨州的溢出效应夸大了，从联邦的角度来看，这是零和效应。更好的方法是从微观层面的弹性出发，将其聚合到联邦层面 [1]。

6.3 发明家和公司流动性

企业和发明家对税收政策做出反应的另一个途径是它们的

---

[1] 为了达到严格的标准，我们需要构建一个结构模型，用来说明企业和发明家个人层面的反应如何映射到联邦层面，并分析纳入一般均衡的影响。

地点选择。有经验证据表明，美国各州和世界主要专利申请国之间，都存在着税收政策引起的流动性。

（1）自 1920 年以来美国历史上的流动性。第 6.2 节中描述的历史项目显示，发明家的流动与州层面的个人所得税税率有关。对于居住在一个州的发明家，如果发明家本身就来自该州，则发明家数量的净税率弹性是 0.11。如果发明家并非来自该州，则净税率弹性是 1.23。在企业工作的发明家对税收的弹性特别大。至关重要的是，聚集效应似乎也与地点有关：当一个潜在的目的地州在特定活动领域已经有更多的创新时，发明家对税收政策则不太敏感。

（2）1975 年以来的国际流动性。一个国家提高最高税率是否会导致高收入和高技术经济主体的"人才流失"，公众对此展开了激烈的讨论。事实上，许多伟大的发明家都是国际移民：电话发明者、贝尔电话公司创始人亚历山大·贝尔（Alexander Bell）；巴氏杀菌技术的发明者、卡夫食品公司的创始人詹姆斯·克拉夫特（James Kraft）；电视游戏机的创造者、开创了电子游戏产业拉尔夫·贝尔（Ralph Baer）。

（3）发明家比其他高技术的人更具流动性。他们携带和传播有价值的知识和专业知识给其他人（如第 6.3 节所示），使他们不仅是新知识创造的必要条件，而且是新知识传播的必要条件。然而，直到最近，由于缺乏国际面板数据，也缺乏严谨的证据，人们关于税收对劳动力国际流动的影响还知之甚少。阿克西吉特、巴斯兰泽和斯坦切娃（2016）通过使用一种独特的关于发明家的国际面板数据来研究 1977 年至 2003 年，最高所得税税率对巨星发明家国际迁移的影响，从而填补了这一空白。这些数据来自欧洲和美国专利局，以及《专利合作条约》。作者能够解决在研究移民对税收的反应时出现的一个主要挑战，即对发明家在每个潜在地点获得的反事实报酬进行建模 [1]。

他们对最高税率影响的识别依赖于过滤掉所有国家和年份层面的变化，并在一个国家年份单元内，利用了最高税率对收入分布中不同点发明者的不同影响。为了实施这一识别策略，超级明星发明家被定义为那些在质量分布前 1% 的人，作者同样构建了前 1%~5%、前 5%~10% 和前 10% 的人，以及后续的质量档次。众所周知，发明家的质量与收入密切相关，处于前 1% 的发明家在最高的税收等级中是非常高的。随着质量分布的下移，处于顶层的概率和发明家收入在顶层的比例都在下降。处于前 1% 的发明家和那些质量稍低的发明家具有足够的可比性，可以受到国家和年度层面的政策和经济发展的相似影响，但只有那些处于最高等级的发明家才会直接受到最高税收的影响。因此，较低质量的群体——即最顶端的 5%~10%、最顶端的 10%~25% 和最顶端的 25% 以下的群体是最顶端的 1% 群体的对照组。

该论文发现，超级明星发明家的区位选择受到最高税率的显著影响。国内巨星发明家数量对净税率的弹性在 0.03 左右，而国外巨星发明家数量对净税率的弹性在 1 左右。对于为跨国公司工

---

[1] 这要归功于一组来自专利数据的详细控制，特别是根据发明家过去的被引情况衡量他们的质量。

作的发明家来说，这些弹性更大。相反地，如果发明家所在的公司在一个国家开展研究活动的比例较高，那么发明家对该国家的税收就不那么敏感。这表明，选址决定既受到公司的影响，也受到职业考虑的影响，这些考虑可能会削弱税收的实际影响。

（4）政策含义。税收引发的流动是一个需要考虑的问题，特别是涉及高流动性和高技术人才时，例如，可以对居住国做出重大经济贡献的发明家。但正确的答案可能不是大幅削减一般性税收，并开展无情的税收竞争，例如，通过针对外国人的税收优惠制度，就像欧盟所做的那样。正如克莱文 Kleven 等人（2020）所论证的那样，这些都是"以邻为壑"的政策，会降低整体福利；从长远来看，国际或跨州税收合作的成效要大得多。

那么，我们能做些什么呢？各州和各国可以采取行动的一个重要方面是为创新提供更好的便利设施和基础设施。上述研究一致表明，集聚效应显著抑制了对税收的反应。出现这种情况的原因有两个。首先，集聚效应是一个地方的研究设施和基础设施质量的代表，这是许多选择居住在那里的发明家所看重的。其次，发明家和公司直接受益于与志同道合、有才华的创新者在一起。这意味着，从一开始就把创新吸引到一个地方，可以开启一个长期持续的良性循环。因此，能够继续使用一般性税收政策达到增加收入和重新分配收入的预期目的，而不抑制创新和导致人才外流的一种方法，就是为创新提供更好的便利设施和基础设施[1]。

---

[1] 事实上，税收收入本身都用于投资这些便利设施。

6.4　美国商业活力的下降

正如引言中所强调的，在过去几十年里，美国的商业活力一直在放缓。文献中强调了关键性的"十个事实"（阿克西吉特和阿泰斯，2021）：市场集中度、平均利润和加成率已经上升；劳动收入占比下降；前沿企业与落后企业之间的劳动生产率差距增大；进入率下降，年轻公司的份额也下降了；工作的重新分配已经放缓；企业增长分散性增强；市场集中度的上升与劳动占比的下降正相关。

商业活力的下降与企业生命周期有着内在的联系。因此，理解企业在其生命周期不同阶段遵循的不同创新战略是至关重要的。年轻的初创企业和小公司最初探索激进的新想法；而那些存活下来并发展壮大的公司，创新往往会变得更加渐进。企业和个人都有可能开始对竞争对手设置壁垒，阻止他们进入自己的市场。他们可以通过获得权力后的政治关联和游说，或者直接通过知识产权制度来做到这一点。这可能会减缓创新，影响商业活力。

政策对企业创新的影响随着企业在生命周期中所处的位置而异。例如，现有的研究税收抵免主要帮助大型和盈利的公司，因为税收抵免只对盈利为正的公司有利。许多国家有针对初创企业的特殊政策，还要一些国家有针对小企业的政策。在本节中，我们考虑了基于企业不同生命周期的各种税收政策的影响，以及它们对美国商业活力的影响。

6.4.1　初创企业与风险投资

风险资本家在筛选、监督和为初创企业融资方面发挥着重要作用。阿克西吉特等人（Akcigit et al，2019）研究的表明，风险投资支持的初创公司在早期阶段增长更快，能产生质量更好的创新，随着时间的推移，更有可能成为大型公司并产生高质量的创新。如果这些公司与经验更丰富的风险投资家相匹配，这些效应会更强。作者估计，风险资本的存在以及初创企业和风投之间的有效匹配对创新和增长很重要。

从经验上看，当涉及税收政策时，相对于非风投资助的公司，风投资助的公司实际上享有优惠税率。作者指出，提高风投资助企业的税率，使其与非风投资助企业的税率相一致，将对总创新产生显著的负面影响。因为风投公司为创业和创新过程增加了巨大的价值，而不是简单地挤出其他公司。因此，提高税率所导致的风险投资公司活动的减少并不能被非风投资助的公司在创新和成功方面的同等增长所抵消。

以下是政策启示：风险投资通过培育高质量的初创企业，对创新做出了重大贡献。对风险投资资助的企业保持较低的税收负担可能会促进创新[①]。

---

① 自然地，在一个没有政府预算限制的世界里，所有企业都应该被征收低税率。这里的说法是，考虑到政府资金的稀缺，如果目标是促进创新，减税应该优先给予风投资助的公司，而不是非风投资助的公司。

6.4.2 小公司与大公司的对比

企业可以采用不同的创新策略。他们可以进行外部创新、创造新产品、从竞争对手那里夺取市场份额，也可以进行内部创新、提高公司目前拥有的产品线的质量。在创新方面，小公司和大公司通常会选择截然不同的路线。

阿克西吉特和克尔（Akcigit & Kerr，2018）探索了这一关键区别，并解释了为什么数据显示小公司平均增长更快，并对大的和激进的创新做出了不成比例的贡献。这不是由于假设的企业能力不同，而是模型的结构估计的结果。作者使用 1982 年至 1997 年美国人口普查局的数据对他们的模型进行了量化，发现了大型企业外部创新收益递减，这与克莱特和科特姆（Klette & Kortum，2004）内生增长框架提出的完美比例有着重要背离。这项研究使作者得出结论，在当前的美国经济中，外部创新对增长的影响已经超过了内部创新，这反过来有助于确定小型创新企业和新进入者在经济增长中可以发挥的一些特殊作用。

在这种背景下，我们在考虑总体创新时要注意以下三个来源：现有企业的外部创新、现有企业的内部创新和（必然地）新进入者的外部创新。虽然所有这些都很重要，但作者估计，增长的关键渠道是现有企业的外部创新。这种创新主要由小公司完成。

以下是政策启示：小公司发现开展外部创新更有益，这导致他们不成比例地产生更激进、更重要的创新。对小公司的优惠税率和税收减免可以进一步强化这一现象，并提高创新质量和突破性创新的普及程度。事实上，由于不同的原因，很多国家对小企业都有特定的税收优惠待遇。

6.4.3　政治经济学

当企业在劳动力和产品市场站稳脚跟时，它们可能会忍不住将竞争对手拒之门外。其中一种方法是通过政治关联和游说。阿克西吉特、巴斯兰泽和洛蒂（Akcigit et al, 2018）的研究表明，这种情况在意大利发生得非常频繁，它降低了经济的活力，导致资源重新配置减少、创新减少、新企业进入减少。尽管他们的实证分析使用了意大利的数据，但对美国也有借鉴意义。

在某种程度上，如果政治关联能减轻一些导致无效率的官僚主义和监管负担，那么它就能发挥生产性作用。但政治关联也很昂贵，需要企业扩大资源来维持这种关系。较大的公司会发现，承担这些成本并建立政治关联更有利可图。作者指出，市场存在一个领导力悖论：每个行业的领先企业（即那些拥有最大市场份额的公司）获得了最多的资源，但相对于它们的规模而言，它们也是最缺乏创新的公司；暂时建立了政治关联的企业有着较高的就业和销售增长，但生产率增长较低。随着时间的推移，在位企业拥有政治有关联较多的行业发展会变得更加迟缓，进入者的数量会减少，因为新进入者不仅要在生产力方面，而且在监管和官僚负担方面都难以与现存企业竞争。因此，有政治关联的现存企业具有优势。由于在位企业的政治关联阻碍了企业进入，在位企业可能会决定先发制人地建立政治关联，以保护自己免受竞争。

政治关联强的行业将由更老、更大的企业所主导，并将以低创新和生产率增长为特征。

以下是政策启示：如果政治关联占主导地位，而且不能被政策制定者直接阻止，那么税收政策就可以发挥纠正作用，以弥补新进入的小企业相对于有政治关系的大型在位企业所面临的劣势。如果这些摩擦一开始就是由税收引起的，那么它们可以被直接消除，从而也消除了政治关联的动机。一种更间接的方法是对较大的在位企业征收更高的税率，以给新进入者一个参与竞争的机会。

6.4.4 商业活力和创新力下降

阿克西吉特和阿泰斯（Akcigit & Ates，2019）提供了一个理论和定量模型，能够解释上面列出的十个事实，并对美国的商业活力的变化作出解释。驱动这些模式的主导力量是知识扩散速度的下降，即知识从前沿、最先进的公司向落后的公司的扩散。这种力量可以以一种其他解释无法解释的方式，来解释所有十个事实。此外，它还有直接的证据。例如，专利申请越来越集中在拥有众多专利的公司中。自 21 世纪初以来，专利的性质也发生了变化，权利要求书的内容越来越多（意味着更多的渐进式创新，而不是激进式创新），自我引用也更多。总体而言，这些证据与领先企业利用知识产权保护来限制知识扩散和巩固其市场势力的做法是一致的。

在作者的模型中，每个部门都有两家公司为市场领导权而竞争。一家公司代表"最好企业",另一家代表"其余企业"。价格和加成都是企业之间技术差距的函数,因为领先企业可以将价格提高到一定水平,在该水平上技术较差的非领先企业再也无法占据相当大的市场份额。领导者持续创新的动力是扩大他们与追随者之间的技术差距,从而提高价格和加成。现有跟随者的创新动机是追赶和超越领先者,以占领更多的市场份额;同样,新进入者的动机是有一天成为市场领导者。

该模型的一个关键特征(在数据中也很明显)是,企业在做出战略性创新投资决策时,会考虑自己与其他企业的相对地位。企业在齐头并进,为取得市场领先地位而非常激烈地竞争时,会出现大量创新,提升商业活力。但当市场领导者做得非常好,与追随者之间已拉开技术差距时,进入者和追随者的市场前景就会变得暗淡。然后,创新努力就会降低,进入者就会减少。正因为如此,当知识扩散下降,市场领导者会受到保护,建立起强大的市场势力。这反过来又会打击跟随者和进入者,减缓更集中部门的创新。随着进入和竞争威胁的减少,市场领导者也放慢了创新的步伐。总体而言,商业活力和创新下降。

企业税在这一演变过程中也发挥了作用,但作用并不大。企业税的增加可以导致大约10%的商业活力下降。这是因为较低的税收增加了税后利润,只对有一定市场份额的公司有影响。由于它们远没有取代领先者,而且必须大幅贴现潜在的未来收益。因此,它们只会以一种非常微弱的方式影响追随者和潜在的进入者。

以下是政策启示:我们从这组论文获得的关键教训是,强大的大型在位者正在利用他们的市场力量阻止追随者进入和竞争。对此，最直接的政策途径是利用规制政策和竞争政策。然而，企业税收政策也可以发挥（次优）作用，如果它能够被设计成对更大、更成熟的公司而对不是新进入者施加更重的负担。如上所示，这只会对新进入者（面临有朝一日成为市场领导者的前景）产生非常小的抑制作用，但可能会蚕食现有市场领导者所享有的部分优势。

6.5　发明家、企业和团队的组成和质量

企业和发明家在创新方面的效率并不相同。一个经济体中创新数量和创新质量将取决于企业和发明家的构成，这也会受到一般性和有针对性的税收政策影响。在本节中，我们将解释不同的政策如何在这一边际发挥作用，依次考虑企业、发明家和企业内部的团队。

6.5.1　企业：企业间资源的再分配

并非所有企业在创新方面都同样高效。无论是因为它们的想法、管理还是劳动力的质量，一些企业在将研究投入转化为重大创新方面非常出色，而另一些企业则不是。税收政策可以影响企业的选择、进入和退出，以及资源在好公司和坏公司之间的重新配置。阿西莫格鲁等人（Acemoglu et al.，2018）利用美国人口普查局微观（企业级）数据和专利数据构建并估计了一个动态的企

业级创新模型。一项关键的发现是，除了补贴研发，向现有企业征税可能非常有益。对研发进行补贴是为了纠正由于非内部化溢出，即正外部性而导致的创新投资不足。在固定成本存在的情况下，对在位企业的经营活动征税会鼓励生产率较低、更接近退出边际的企业离开市场。这就释放了宝贵的资源，也就是技术熟练的研究人员，供生产效率更高的公司雇用。另外，当不可能有针对好公司和坏公司特定类型的研发补贴时，一致的研发补贴政策不会实现这种积极的选择，因为它们将使低生产率和高生产率公司都受益，并鼓励低生产率的企业生存、发展和占用稀缺资源。

以下是政策启示：除了增加收入，公司税还可以达到提高效率的目的。对现有企业征收规模可观的统一税，并提供统一的研发补贴，可以促进增长、增加福利。这个重要的发现表明，尽管税收有扭曲效应、但它们可以让足够优秀的企业在即使有税收的情况也能生存下来，以发挥配置作用。企业所得税可以对经济产生净化效应，为生产效率最高的企业释放出宝贵的创新资源。

6.5.2 企业：最优的研发政策

政策制定者们甚至可以通过明确地尝试从糟糕的公司中筛选出好的公司，用不统一的政策取得更好效果。有效做到这一点的主要障碍是信息不对称，这是创新领域的一个关键特征。创新文献广泛地讨论了如何处理溢出效应，但很少涉及企业信息的不对称以及如何区分高效企业和非高效企业。然而，正如大量实证文献显示的那样，一个公司的组织、管理、过程或理念的质量（在给定的创新投入条件下，这些因素塑造了创新结果）往往是企业的私人信息，非常难以让外部各方（包括政府）观察到。文献记录了企业及其股东或者投资者之间的信息不对称；这个问题在企业和政府之间更加明显。此外，在专利和企业数据中，如果试图预测一家企业的创新质量，预测效果会非常差。要看出哪些公司擅长创新、哪些不擅长创新，本质上是很困难的。即使使用非常大的一组可观察数据，也很可能会过高估计政府现实中可为其政策设定条件的东西。

解决信息不对称问题的一种方法是使用风险投资公司所采用的策略，这些公司进行亲力亲为和彻底的筛选，并提供受严密监控的分阶段融资。但这种密集的亲力亲为的方式不容易扩展，因此在考虑大规模的政府政策时并不适用。相反，政府可以做的是设定分散的税收政策和补贴政策，让这些政策可以随着利润和研发投资呈现非线性变化。通过这种方式，不同生产力的企业将选择它们定制的、独特高效的投资和生产水平。

阿克西吉特、汉利和斯坦切娃（Akcigit, Hanley, & Stantcheva，2016）使用一种新的动态机制设计方法解决了这一问题。他们分析的关键特征（也是解决创新典型的市场扭曲，比如不可挪用性和溢出性的非扭曲性障碍）是企业的研究生产率具有异质性。重要的是，这种研究生产率是私人信息，政府无法观察到。较高的研究生产率允许企业将一组给定的研究投入转化为更好的创新产出。此外，虽然对研发过程的一些投入是可观察到的（所谓的研发投入），但其他的是不可观察到的（研发努力）。企业的研究生产率也会随时间而随机演变。尽管公司对未来的生产率有一些预先的信息，但它不能完美地预测未来的生产率。因此，当公司在研发方面投入资源时，这些投资将产生的创新结果仍是不确定的。

作者的主要发现如下：信息不对称可以显著改变最优策略。从理论角度来看，受约束的研发激励机制是在两种修正之间的权衡，一种是应对技术溢出的庇古修正，一种是对垄断扭曲的修正，以应对从坏公司中筛选好公司的需要。研发应该得到多少最佳补贴，取决于一个关键参数，即研发投资与研发努力之间的互补性（即可观测 R&D 投入与不可观测 R&D 投入的互补性）。相对于研发投资对企业研究生产力的互补性，即可观察到的和不可观察到的创新投入之间的互补性，研发投资与企业研究生产率的互补性越强，在研发投资得到补贴的情况下，企业可以获取的租金就越多。这就限制了政府设置庇古修正和补偿垄断扭曲的能力。在这种情况下，最优筛选需要抑制第一最佳校正政策。另外，如果研发投资与企业不可观察的研发努力有更多互补性，它们就会刺激企业更多不可观察的投入，这无疑是好的，并将使研发补贴以最佳方式增加。最优政策的规模和时间模式的其他关键决定因素是企业研究生产率冲击的持久性和溢出效应的强度。

数据显示，研发投资与企业的研究生产率高度互补：高生产率的企业在将研发投入转化为创新方面表现得格外出色。考虑到这意味着高生产率企业在创新方面具有比较优势，最好减少对低生产率企业的研发投资激励，因为这使它们对高生产率企业更有吸引力。

　　以下是政策启示：我们有可能通过简单的非线性或线性政策来实现最优分配方案，这些政策的特点是对盈利能力更强的企业降低边际企业所得税，以及在更高的研发投资水平上降低边际补贴。这些政策可以被进一步简化，而不会有太大损失，因为最重要的量化特征是研发补贴的非线性。因此，使得利润税收线性化只会产生很小的福利损失。直观的感觉是，对低利润企业设定过高水平、对高利润企业设定适当水平的恒定利润税，成效相当好。因为考虑到低利润企业一开始利润就很低，给低利润企业设定过高税率带来的损失在数量上是很小的。因此，如果与适当的非线性研发补贴相结合，像我们在世界各地看到的这样的，对创新企业而已，线性企业所得税可以非常接近最优水平。

6.5.3　发明家与教育政策

　　就个体发明家的构成和质量而言，创新政策通过发明家的职业选择，进而影响高技术研究人员的供给，与教育政策具有重要的交互作用。阿克西吉特、皮尔斯和普拉托（Akcigit, Pearce, & Prato, 2019）指出，教育政策和针对创新的一般性或有针对性的税收政策将解决创新链中的不同摩擦。在他们的设置中，不同能力和不同职业偏好的发明家需要时间来建立他们的人力资本，并在获得教育时面临财务限制。因此，在短期内，研发政策等有针对性的政策可能不会像预期的那样有效；他们可能会因为缺乏教育能力或信贷约束而面临科研人才供给不足的瓶颈。从长远来看，如果不与教育政策相结合，这些政策的效果可能有限。这种新的相互作用可以解释为什么通常用创新模型预测的研发政策作用比在数据中观察到的要大得多。

以下是政策启示：不同的政策如何影响总体创新和经济增长？作者发现，当与将有才华但信用受限的个人纳入研究的高等教育政策相结合时，研发补贴的影响可以得到加强。此外，在获得教育的财政约束更为严格的社会或时代，教育政策的作用也会增强。教育补贴在不平等的社会中尤为关键和有效，因为许多个人面临的财政限制使他们无法有效地获得教育。在这些情况下，仅靠研发政策是非常无效的。

当然，还有一个关键的时机问题。在短期内，只有研发政策才能有效，因为教育政策的作用滞后时间较长。研发政策刺激了更多研究资金和设备的购买，使研究人员几乎一受政策影响就更有生产力。然而，扩大教育机会需要一定时间，在六年后才超过研发。另外，教育补贴需要最长时间才能传递到增长率，但在长期内逐渐成为最有效的政策工具。

6.5.4 团队与知识扩散

发明家并不是单独工作的：大多数专利是合作的结果，是由具有不同天赋和技能水平的发明家组成的团队产生的。此外，发明家们相互学习，以产生更好的创新成果。当一个发明家与其他更有知识的发明家互动时，他们会提升自己的知识水平，进而产生更高质量的创新。

　　阿克西吉特等（Akcigit et al，即将发表）提供了一个模型和实证分析，捕捉了在他们的数据中观察到的这些关键特征。在他们的框架中，发明家可以通过两种方式学习（如提高生产率）。提高生产力的方法有两种：与他人互动，他们可以认识他人并与他人互动；自学，他们也可以通过边做边学、正规教育、经验或个人发现自学。考虑到他们在学习后实现的生产力，发明家会组成团队。一些具有高度生产力和知识渊博的发明家成为"团队领导者"，与技能较低的团队成员合作产生创新。更好的团队领导将能够雇佣更大的团队，产生更好的创新。创新的质量，以及技术进步的质量，将取决于经济活动中的团队质量。作者使用欧洲专利局关于发明家多年和多个国家的新数据对模型进行了估计，发现与他人的互动在数量上对提高发明家的生产力非常重要，因此对经济增长也非常重要。互动可以发生在公司层面，在技术领域层面（在给定的领域），或在不同的地理层面。此外，获取外部知识与向他人学习之间有很强的互补性：如果你周围的人从外界学到更多的东西，然后进行更多的互动，你最终也会与更多知识渊博的人互动，学到更多。

　　因此，在考虑税收政策的影响时，一方面要考虑税收政策对团队组建和团队组成的影响，另一方面要考虑税收政策对发明者之间的互动、学习和知识扩散的影响。

　　以下是政策启示：与上面讨论的流动性结果一致，将许多发明家吸引到某个特定领域的政策可以促进互动，从而促进学习。

如上所述，优惠的地方税收制度可以实现这一目标，但代价是以零和方式惩罚其他地区。更好的便利设施可以更有效地实现这一目标，而无须无情的税收竞争。另外，征收大量的雇主工资税或解雇税，这对许多欧洲国家特别重要。这会降低劳动力市场的流动性、阻止发明家转移到最适合他们的团队。教育补贴提高了发明家群体的质量，让发明家更值得与其他人互动，向他们学习。

6.6 应用创新与基础创新的对比，以及技术选择

创新的形式和规模各不相同。企业和发明家可以选择不同的研究方向，他们在这方面的选择也会受到税收政策的影响。

6.6.1 应用研究和基础研究

如第 6.1 节所述，一个主要的区别是基础研究和应用研究之间的区别。阿克西吉特、汉利和塞拉诺 - 维拉德（Akcigit, Hanley & Serrano-Velarde，2021）引用"巴斯德象限"来说明不同类型的研究。一个极端是纯粹的基础研究，这通常是由学术机构和大学的公共部门所做的。另一个极端是纯粹的应用研究，目的是立即用于商业用途。介于两者之间的是基础研究和应用研究的混合体，在作者的论文中就是私营部门的基础研究——这种研究最终是由利润动机驱动的，并希望有一天可以应用，但没有直接且带有目的性的商业影响。

没有政府的干预，在不同类型之间的研究投入分配就会出现

明显的错配。作者发现，68% 的基础研究溢出效应没有内部化。一旦考虑到这些不同类型的研究，似乎更大的问题不是研究的整体投入不足，而是研究活动在基础创新和应用创新之间的错误分配。企业在基础研究上的投入太少了，然而当面对激烈的企业间竞争，如果基础研究和应用研究存在战略互补的话（即应用研究的回报会提高基础研究的水平），就可能造成企业在应用研究上的投入过高。

作者还阐明了关于美国经济中令人担忧的研究效率降低的争论。他们强调了公共和私人研究努力之间的强大互补性。当公共主体在以基础研究为主的领域有更多投资时，私人研究投资就会变得更有成效，并实现增加。

以下是政策启示：哪些政策可以解决研究成果分配效率低下的问题？在这种情况下，向私营公司提供统一的研究补贴（以相同的比率补贴他们所有的研究）会带来巨大的财政成本。尽管这将刺激基础研究的投资，但它将导致更大程度的应用研究过度投资。以不同的比率补贴应用研究和基础研究，可以在不影响创新投入的情况下降低财政成本。作者在他们的模型中发现，基础研究的最优补贴率几乎是应用研究的 5 倍。显然，区分应用研究投入和基础研究投入可能是困难的，这意味着允许企业进行一些错误分类是很重要的，它们会被诱惑将应用研究重新贴上基础研究的标签。但是，即使存在大量的研究类型误报，对基础研究提供更高的补贴仍然非常有效。展望未来，找到一种可行的方法来区分基础研究和应用研究，对于优化创新相关的税收政策至关重要。

此外，对公共研究的补贴和资助也可以间接促进对私人研究的投资，因为公共研究与私人研究具有高度的互补性。

6.6.2　绿色技术创新

当涉及环境和清洁技术的发展时，税收政策可以将研究引向不同的方向。考虑到气候变化是一个紧迫和关键的问题，我们必须非常仔细地考虑和部署支持这些领域创新的税收政策工具。

阿西莫格鲁等人（Acemoglu et al, 2016）的研究为思考清洁技术创新的税收政策提供了一个清晰的理论和定量框架。生产者可以使用"脏"（污染）技术生产商品，也可以使用"干净"（污染更少、环境友好）技术生产商品。生产者根据成本来选择使用哪种技术，而成本又取决于技术的效率，同时也取决于公共政策，如生产税。这些政策因技术类型而异。例如，碳税或对其他污染颗粒或温室气体征税，将意味着对污染技术征收更高的税。除了选择自己的生产技术，私营企业还可以选择进行研究，以改进清洁技术或污染技术。研究和创新决策受到公共税收政策和技术现状的影响。如果清洁技术在效率方面远远落后于污染技术，研究活动就在只产生渐进式改进的技术。因为清洁技术不太可能给生产者带来直接利益，因此在短期内是没有利润的。然而，持续的研究工作和累积的增量改进可能最终使清洁技术具有竞争力和盈利性。

对污染物征税，例如通过碳税，可以将研究活动转向清洁技术。补贴清洁技术研究也可以实现这一目标。但只要污染技术仍然比清洁技术便宜得多，碳税将减少污染，但就放弃的消费而言，效率成本很高。即使在最初与低碳税相结合的情况下，研究补贴也可以成功引导研究，直到清洁技术能够与污染技术竞争为止。这种模式下的研究补贴可以是最优的，即使在研究总体上没有投资不足；它们被用来抵消污染对环境的负外部性。

以下是政策启示：碳税（以及对其他污染物征税）和清洁技术的研究补贴都可以用来引导创新转向清洁技术。然而，当清洁技术相对于污染技术仍然效率低下时，碳税的成本非常高。因此，最初，碳税是纠正碳或其他污染物污染的直接外部性的一种更具成本效益的工具，但研究补贴在引导研究向清洁技术发展方面更具成本效益。以低于其他政策的财政成本刺激绿色技术投资的政策组合可以被描述为：政策最初高度关注研究补贴，随着时间的推移而下降；碳税一开始是后负荷的（随着清洁技术变得更高效，碳税会随着时间的推移而增加），但最终也会随着清洁技术的使用减少污染而下降。

6.7 结论

税收政策为政府干预经济提供了一系列常用工具。在这一章，我们考察了税收政策影响创新的诸多方面，而创新则是长期经济增长的主要驱动力。这些税收政策的影响主要包括：创新数量和创新质量；创新和发明家在美国各州和各个国家间的地理流动性；美国商业活力、企业进入和生产率等下降。企业、发明家和团队的质量；研究活动的努力方向（比如，应用研究与基础研究，或者污染技术与清洁技术）。我们从研究中得出了一些关于政策设计的观点，即如何通过合理的政策设计使得政策制定者能够培育出最具生产力的企业，而不将公共资金浪费在生产率较低的企业上。

税收与创新的相互作用可以说是在内生增长和公共财政领域中，最具政策相关性和未被充分研究的领域。实证研究的匮乏是由于缺少微观经济层面的数据来评估企业或者发明家对税收政策的反应强度。但积极的是，我们的计算能力在不断增加，与此同时，许多国家正在向研究人员公开企业和个体层面的微观数据集。此外，随着光学字符识别技术的进步，越来越多的大规模历史记录正在被数字化以用于经济学研究。这些都是令人振奋的发展，在未来有可能促进这一重要且不断发展的研究领域。

第 7 章

创业的政府激励

乔西·勒纳（Josh Lerner）①

①　乔西·勒纳是哈佛商学院投资银行学 Jacob H.Schiff（雅各布·希夫）讲席教授，也是美国国家经济研究局生产力、创新和创业项目的研究助理和联席主任。

本章的部分内容节选自 Ivashina 和 Lerner（2019）和 Lerner（2009，2012）。感谢 Ben Jones 和 Ralph Lerner 的评论，Sand Hill Econometrics 的 Susan Woodward 提供的数据，以及哈佛商学院研究部的提供的资金支持。我也通过为机构投资者、私人投资基金以及私人资本集团提供建议获得补贴。关于致谢、研究支持的来源以及作者重大财务关系的披露（如有），请参阅 https：// www.nber.org/books-and-chapters/innovation-and-public-policy/government-incentives-entrepreneurship。

自全球金融危机爆发的十几年来，各国政府对主要通过提供融资来大力促进创业活动的兴趣激增（巴伊等，2020）。本章对这些政策进行了探讨，重点关注对创业者及其融资中介机构的财政激励措施（本书的其他章探讨了创造一个有利于创业和创新的一般商业环境的相关政策，如通过税法、集群发展与劳动力改革等措施）。

这些政策措施的动机是清晰的，即经济增长、创新、创业精神与风险投资之间已经被充分证明有相关关系。然而尽管初衷是好的，但许多这些公共措施以失败而告终。以过去 10 年的几个事件为例：

- 美国能源部的清洁倡议初设于 2005 年，但直到 2009 年该倡议被纳为《美国复苏和再投资法》的一部分才获得资助[1]。这个方案是为那些有一定风险但有潜在回报的能源项目提供贷款保证与直接资助，否则这些项目可能由于风险太大，无法吸引私人投资。在不到 4 年的时间里，政府投资额就超过了 340 亿美元，几乎比私人风险投资在该领域的投资总额多 20 亿美元。这些投资在当时具有争议。一

---

[1] 参见 Gold（2009）、Kao（2013）、Kirsner（2009）、Mullaney（2009）和 Sposito（2009）。

个抗议该项目的组织表示"能源部在管理贷款担保项目上的经验非常欠缺，它的一个试验案例就以纳税人付出的高额代价而告终"。在 20 世纪 70 年代末与 80 年代初，美国能源部为发展合成燃料提供了数十亿美元的贷款保障，因为管理不善和市场变化，联邦政府被迫支付数十亿美元来弥补损失（《反对增加 100 亿美元的浪费》，2010）。这些担忧后来被证明是有先见之明的。大规模的公共投资似乎已经挤占并取代了这一领域的大部分私人投资，因为风险投资们在场外观望公共基金的投向。另外，在大量的业界游说之后，政府管理者们的投资决策导致了多宗破产事件的发生［例如，索林卓（Solyndra）能源，A123 系统，灯塔能源］①。清洁能源的投资非但没有被刺激，风险投资的占比还从 2009 年的 14.9% 下降到 2019 年前 9 个月的

---

① 评估这些创业投资的回报非常困难。据我所知，政府机构和学者都没有尝试过对这些项目回报进行计算。主要困难是，付款是在许多计划下支付的（例如，1705 贷款担保计划和先进技术车辆制造贷款计划），并且对初创企业的付款与对高盛和 NRG 能源等老牌实体的付款混合在一起，而这些实体的破产风险可能要低得多（公共资金的理由可能也是如此）（Lipton 和 Krauss，2011）。但鉴于公共资金流向了该行业中一些最引人注目的初创企业的破产事件的发生，甚至在 2008 年初到 2019 年第三季度间该行业的独立风险资本投资也出现了（根据 Sand Hill Econometrics 的数据）年化 –2.6% 的亏损（未计入费用），人们很难对作为这一举措一部分的创业公司投资表现持乐观态度。

$1.5\%^{①}$。

- 沙特政府已经花费了上百亿美元来寻求促进王国内的风险投资活动[②]。措施包括种类广泛的规制改革（例如，为创业企业上市建立一个二级市场和设立方便企业注册的程序）、风险投资基金和区域中心（通常与新大学相结合）的建立、以及对全球风险资本投资。在最后一点上，最引人瞩目的是沙特公共投资基金承诺向软银愿景基金提供 450 亿美元。沙特公共投资基金是一个沙特主权财富基金，其使命是成为"沙特阿拉伯经济多样性背后的引擎"（沙特阿拉伯王国，2019）。然而，沙特王国的风险资本规模仍然有限。根据咨询公司 MAGNiTT（2020）的数据，2018 年沙特公司只筹集了 5000 万美元的风险资本，2019 年为 6700 万美元。2018 年的数值占国内生产总值的 0.006%，是以色列的六十分之一，这个指标与经济合作与发展组织追踪的风险投资水平最低国家（如意大利、俄罗斯联邦和斯洛文尼亚）的数值相近（经济合作与发展组织，2019）。

在这一章中，我认为这些令人失望的结果并不能仅仅归因于运气不好，例如奥巴马选择向 A123 系统公司和索林卓（Solyndra）公司提供创业公司补贴，而不是那些本来可以避免破产的更有生存能力的清洁技术公司。相反，这些不幸的结果反映

---

① 基于作者对来自 Sand Hill Econometrics 的数据分析。

② 本段基于 Seoudi 和 Mahmoud（2016）、Sindi（2015）和各种新闻报道。

了那些导致政府很难持续采取成功措施促进创业的根本性结构问题。在本章内容中我强调了几个关键的挑战，并概述了可能使这些措施更有效的两项原则。

7.1 激励

由于认识到创业活动与就业机会、创新和经济增长之间的关系，公共机构被激励着开始在这方面做出努力。读到本书这里的读者应该相信创新对经济增长的重要性。但是，到目前为止，关于创业精神，尤其是风险投资在促进创新方面所起的作用，至今还未得到深入的讨论。

最初，经济学家普遍忽视了新企业的创造力：他们猜想大部分创新都源自大型工业化企业。例如，约瑟夫·熊比特（1942）（对创业精神展开严肃研究的先驱之一）认为，相对于小型企业，大型企业在创新方面具有内在优势。

这些最初的观点没有经受住时间的考验。相反，今天它们看起来像是一个时代的知识副产品，而那个时代，大型企业及其工业实验室（如 IBM 和 AT&T）取代了独立发明家，而独立发明家在 19 世纪末和 20 世纪初在创新活动中占据了一大部分。

在当今世界，熊比特关于大型企业优势假说并不符合随机观察结果。在医疗设备、通信技术、半导体和软件等众多行业，领导权都掌握在相对年轻的公司手中，这些公司的增长主要由风险资本家和公开股票市场提供资金支持。即使在金融业等老牌公司占主导地位的行业，小型企业也开发出越来越多的新创意，然后将其授权或出售给大型公司。大型企业正在削减对基础科学的投资。［参见（阿罗拉，Belenzon&Patacconi，2015）中的证据］

这种新企业在刺激创新方面发挥关键作用的模式在过去 20 年里尤为明显。生物技术和互联网，这两个可能见证了最具潜在革命性的技术创新领域都是由规模较小的进入者推动的。无论是老牌制药公司还是计算机软件制造商，都不是开发这些技术的先驱。小型企业没有发明关键的基因工程技术或互联网协议。相反，这些赋能技术都是在政府资助下由学术机构和研究实验室开发的。然而，最先抓住商业机会的却正是那些小型初创企业。即使在能源研究等传统上由大型企业占主导地位的领域，初创公司似乎也在发挥着越来越大的作用。

熊比特的论点不仅经不起经验的检验，而且系统的研究结果也几乎并不支持他认为大型企业具有创新优势的观点。多年来，经济学家们反复尝试衡量企业规模与创新之间的关系。虽然这些文献很丰富，但显然还是并没有定论。我并不会强迫读者对这一领域成百上千篇的文献进行详细的回顾，但值得强调的是，这些文献几乎都不认为大型企业更具创新性[①]。这方面的许多工作都将研发支出、专利或发明等创新发现的衡量标准与公司规模关联在一起。

---

① 感兴趣的读者可以查阅 Azoulay 和 Lerner（2012）和 Cohen（2010）的调查。

初始的研究是利用最大的制造企业展开的；最近的研究则采用了更大的样本和详细数据（例如，采用关于企业具体业务领域数据的研究）。尽管最近的研究方法有所改进，结果仍然没有定论：研究似乎既发现了正相关也发现了负相关。即使发现了企业规模与创新之间的正向关系，它也没有什么经济上的显著性。例如，一项研究认为，企业规模扩大一倍带来研发占销售的比重仅增长了 0.2%（科恩、莱文和莫里，1987）。

无论企业的规模与其创新之间的关系如何，少数能够取得研究人员共识之一的是新公司或初创企业在许多行业中发挥着的关键作用。初创企业在新兴产业中的作用，不仅在许多案例研究中，在系统研究中也得到了强调。例如，Acs 和奥德斯（1988）的一项研究梳理了哪些公司开发了 20 世纪最重要的创新[1]。作者记录了大型企业和小型企业的相对贡献。在其梳理的研究中，小企业的贡献几乎占一半。但他们发现，小型企业的贡献并不在所有行业中均处于中心地位。在市场力量相对不集中的不成熟行业中，小型企业的贡献比例最大。这些发现表明，创业者家和小型企业在观察新技术是否能够满足客户需求并迅速做出反应的过程中发挥着重要的作用。无论是由于激励不足、内部资本市场效率低下还是其他原因，大型企业在这方面似乎都表现得并不理想。

有研究也指出了由风险投资公司支持的年轻创业家在创新方面享有特殊优势。大量证据表明风险资本家在鼓励创新方面发挥

[1] 类似的研究包括 Aron 和 Lazear（1990）以及 Prusa 和 Schmitz（1994）。

着重要作用。他们资助的企业类型——无论是渴望资本的年轻初创企业还是需要重组的成长型公司所带来的诸多风险和不确定性令其他投资者望而却步。

那么，这种优势从何而来呢？为年轻企业融资颇具风险。由于缺乏信息，所以投资者很难评估这些公司的潜力以及创业家在获得融资后采取的机会主义行为。为了解决这些信息问题，风险投资者采用了对促进创新似乎至关重要的各种机制。

其中第一个机制就是风险资本家用来选择投资机会的筛选过程。这一过程通常比诸如公司研发实验室和政府拨款者等其他创新资助者采用的过程效率高得多。除了进行仔细的访谈和财务分析，风险资本家通常与其他投资者一起进行投资。一家风险投资公司将发起一笔交易，并寻求引入其他风险投资公司，让其他公司参与提供关于这个机会的第二种意见。通常没有明确的证据表明一项投资一定会产生有吸引力的回报。让其他投资者批准这笔交易限制了资助不良交易的可能性。当然，这种详细分析的结果是很多想法都会被拒绝：只有 0.5% 到 1% 的商业计划能得到资助（卡普兰和斯特龙伯格，2004）。许多好想法无可避免地作为这一评估过程中的一部分遭到了拒绝。

当风险资本家投资时，他们持有的不是普通股，而是优先股（卡普兰和斯特龙伯格，2003）。这种区别的意义在于，如果公司被清算或以其他方式向股东返还资金，优先股将先于创业家以及其他特权较低的投资者持有的普通股得到支付。此外，风险资本家在优先股中加入了许多限制性契约和条款。例如，如果他们对估值不满意，就可以阻止未来的融资、替换创业家，并在董事会中安排一定数量的代表（甚至控制）。这样，如果发生意想不到的事情（这是创业型公司的常规情况而不是例外），风险投资者就可以主张掌握控制权。这些条款随融资的轮次而变化，而最早融资轮中的条款最苛刻。

投资的分期同样提升了风险资本融资的效率（冈珀斯，1995；内尔，1999）。在大型企业中，研究和开发预算通常是在项目开始时制定的，很少在计划中期被审查。这种模式与风险投资过程明显不同：一旦他们做出投资决定，风险资本家通常会分阶段支付资金。这些公司的再融资被称为"轮"融资，这些融资以实现某些技术或市场里程碑为条件。以这种方式进行可以让风险资本家在提供额外投资之前收集更多的信息，从而帮助投资者将可能成功的投资与可能失败的投资分开。风险投资所支持的企业管理者们不得不反复向他们的融资方寻求额外资本，以此来确保风险资本家们的资金不会被浪费在亏损的项目上。因此，一个创新的想法只有在其发起人能够持续地良好执行时才能继续得到资助。

最后，风险资本家对他们所投资的企业进行密切的监督。调查证据（冈珀斯等人，2020）表明，超过 25% 的风险资本家每周与他们所资助的企业家互动多次，另有三分之一每周互动一次。这些互动可以产生深远的影响。伯尔尼·施泰因、希罗德和汤森（2016）的一项有趣的研究支持了这些说法，研究显示当在风险投资家所在城市和其现有投资组合中企业所在城市之间增加一条航线的时候（这可能有利于面对面的互动），该企业的创新和财务业绩很可能会提升。

在风险资本家的支持下，初创企业可以更好地在研究、市场开发、营销和战略制定方面进行投资，以达到上市要求的规模。这种支持的重要性可以用典型的事实来说明，例如截至 2020 年中，世界上最有价值的十家公司中，足足有七家（五家在美国，两家在中国）最初都是由风险投资支持的（根据对 Computstat 数据和各种风险投资数据库和媒体报道的分析）。

风险投资的积极影响也在大样本研究中得到了证实。尤其相关的是科图姆和勒纳（2000）的发现，在研究中解决了风险资本投资具有高度目标导向的这一因素的影响之后，风险投资也确实对创新产生了强烈的积极影响。研究的估计系数因所采用的技术而不同，但平均而言，在刺激专利申请方面，1 美元的风险投资的强度是 1 美元的传统企业研发资金强度的 3 至 4 倍。尽管相对于企业研究来说，风险资本历来规模较小，但它在美国商业创新中所占的份额要大得多。

7.2 挑战

考虑到创业精神、创新和经济增长之间明显的密切关系，世界各国政府都在寻求促进创业也就不足为奇了。但正如引言中的例子所表明的，许多公共措施已经误入歧途。

在这一节中，我特别强调了对政府决策者构成重大挑战的创业风险特性的三个方面。

7.2.1 地理困境

第一个挑战是创业企业地理位置的紧密集中。创业型企业通常在地理上聚集（格莱泽、克尔和波奇多，2010），风投支持的企业更是如此（陈等，2010）。这些模式是世界各地此类企业的特征。

风险资本投资的高度倾斜分布可以在佛罗里达和哈撒韦（Florida and Hathaway，2018）编制的项目建议书中 2015 年至 2017 年的数据表格得到印证。作者得出的结论是，风险融资的前十大城市地区（六个在美国，两个在中国，其他在伦敦和班加罗尔）占了全球风险投资分布的 62%，前 25 个城市地区占所有投资分布的 75%。

这种投资分布不是偶然的，而是反映了投资绩效的本质。沙丘计量经济（sand hill econometrics）对 1980 年至 2019 年的风险资本投资总回报（费用前）的指数突显了硅谷与美国其他地区之间的巨大差异。北加州的交易报告的年化收益率为 25.6%，远远高于如新英格兰地区（14.3%）、大西洋中部地区（15.4%）和非加州的太平洋州（13.5%）[①]的其他地区。虽然没有准确的全世界区域的收益数据，但毫无疑问，这种模式会在其他地方重演。

然而，许多旨在促进高潜力创业的努力，最终以"分享财富"的方式将太多的资金投向了没有前途的领域。由于本可以在

---

① 基于作者编辑的沙丘计量经济数据。

核心领域发挥很大作用的资金最终流向了无用之处，所以很大一部分影响被稀释了。

小企业创新研究（SBIR）项目——美国最大的公共创业项目为这个问题提供了一个例证。（勒纳，1999）将项目接受者与匹配公司的绩效进行比较后得出：在相同的地点和行业中，获得资助的企业比没有获得资助的企业增长要快得多。在接受 SBIR 资助后的十年里，一个高科技地区的受资助企业平均的劳动力增长了 47 人，规模翻了一番。其他受资助企业——那些位于非高科技活动地区的企业仅增加了 13 名员工。尽管 SBIR 资助的企业增长速度远远快于匹配的企业样本，但以就业增长（以及销售和其他指标）衡量，绩效优秀的企业仅限于已经有私人风险投资活动领域的获奖者。美洲、亚洲和欧洲还有许多其他的例子，在这些地方，要求公平的压力导致大量资金被转移到几乎没有成功机会的创业投资上。

这些问题与以科学为基础的创业尤其相关。与颠覆性新技术相关的经济活动似乎以一种非常集中的模式发展（布卢姆等，2020）。对这些模式的潜在解释包括：对与学术界密切联系的依赖（许多最初的中心都靠近学术中心）、鼓励企业聚集在一起的集聚效应，以及劳动力市场动态。无论原因是什么，其结果都使政府在外围地区鼓励基于科学创业的努力变得非常困难。因此，在地理"多样性"的名义下，SBIR 项目资助了前景较差的企业。在这些模式之下，隐藏着巨大的政治压力和利益冲突。国会议员和他们的工作人员向项目经理施压，要求他们将资金授予本州的公司。其结果是，几乎在当时的每个财政年度，所有 50 个州（实际上是 435 个国会选区中的每一个）的企业都至少获得了一个 SBIR 资助。这些模式远非独一无二：要求"公平"分配资金的压力（Weingast、谢普瑟和约翰逊，1981）往往降低了这些政府措施的社会和私人回报。

7.2.2 择时动力

另一个问题源于创业市场的繁荣—萧条周期。风险投资市场异常不平衡——从盛宴到饥荒，再从饥荒回到盛宴。在某些时期，太多的企业能够获得融资，而在另一些时期，有价值的企业却因得不到资金而失去活力。

在竞争很少时期运营的基金最终往往会获得非常好的回报，这种模式可能反映了这样一个事实：在这些时期运营的基金可以以相对适中的估值投资于最有前途的企业。然而，随着时间的推移，高回报吸引了机构投资者的兴趣。一开始是涓涓细流的资金，最后变成了洪流。投资交易竞争加剧，这些交易的定价也在上升。最终，这种扩张被证明是不可持续的，回报率会下降。然后这个循环又重复了一遍。

这些周期在风险投资行业引发了相当多的戏剧性事件。每次行业低迷都会产生一些夸张的说法，称由于太多的投资者在争夺有限的项目，风投行业从根本上已经被毁坏。例如，在 2000 年至 2002 年纳斯达克（NASDAQ）崩盘后的黑暗日子里，老牌基金公司塞万罗森（Sevin Rosen）的史蒂夫道（Steve Dow）曾表示，他的集团不太可能募集一只新基金。"在我们看来，传统的风险投资模式似乎被毁坏了，"他指出，"太多的资金涌入了风险投资企业，在每一个可以想象到的领域，有太多的公司得到了融资。"（赫尔夫特，2006）（更典型的是，这些有怨言的风险投资家得出的结论是，除了市场观察者和他最好的朋友，所有人都应该退出市场。）

在每一次市场低迷中，这首歌几乎一字不差地重复着。"大量的现金流入迫使风险投资行业的一些人把钱'铲'到项目中，从而削弱了风险投资行业的'脆弱生态系统'……结果是阻止更多的资金进入，并抑制了投资。"1993 年的《风险资本杂志》（德格，1993）宣扬道。该期刊在 1980 年悲叹道："风险投资者对发展中企业的投资率持续过高……扩张的主要限制因素将是合格风险投资经理的可获得性。直接经验对于风险投资领域非常关键。"（《特别报告》，1980）（事后看来，该期刊在这两件事上都完全错了。这两篇文章所述年份的典型基金回报率分别为 26.1% 和 21.6%，仍然是风投基金有史以来最好的两个年份之一。）

抛开所有的炒作和戏剧化情景，这些繁荣和萧条的模式是重要的，这种周期吸引的利益是可以被解释的。人们很自然地想知道为什么养老金和其他基金似乎几乎不可避免地在完全错误的时间把他们的大部分钱投入工作中。为什么风险投资者们不在市场见顶时撤出投资，而是继续跳这支舞呢？虽然对于这些繁荣与萧条周期仍有很多不确定的地方，但这一模式的几个驱动因素都已经被证明。

　　至少部分业绩恶化源于"资金追逐交易"现象。随着越来越多的资金从机构和个人投资者流入他们的基金，风险投资家为投资项目支付更高价格的意愿增加：流入风险基金的资金翻倍导致相同项目的估值水平上升了 7% 到 21%。这一结果并没有反映风险投资环境的改善。我们在观察风险投资支持企业最终的成功时，可以看到在资金流入和估值相对较低的时期进行的投资。与在繁荣时期进行的投资相比，其成功率并没有显著差异。但是，这些发现虽然说明了这些周期是如何运行的，但并没有解释它们为什么会出现。

　　风险投资活动的下降部分源于新基金。在风投市场火热的时候，许多缺乏经验的风险投资者都在筹集资金。在许多情况下，这些基金是从缺乏经验的投资者获得融资的，这些投资者被环绕在风险基金周围的兴奋感或被针对这些投资者的母基金所吸引。通常情况下，他们无法进入顶级基金，而只能接触经验较少的基金，无法鉴别不同风险投资集团之间的差异。

　　繁荣期业绩的恶化在部分程度上反映了风险基金的变化。老牌风险投资者经常利用较热的市场积极增加其管理的资本。（这一决定很可能是由风险基金所享受的按其管理资本收费的典型报酬所驱动。）随着风险投资集团规模的扩大，他们倾向于增加每个合伙人负责的资本，并扩大他们投资的行业范围。这些变化通常与恶化的绩效有关。

　　无论这些周期背后的确切机制是什么，它们对创新的影响是最令人担忧的。对风投领域持怀疑态度的观察人士经常辩称，这些周期可能会导致对有前途公司的忽视。例如，在 20 世纪 70 年代的风险投资低谷时期（1975 年，美国根本没有筹集到任何风险投资基金），许多试图发展开拓性个人计算硬件和软件的公司因没有资金而发展滞后。最终，这些技术在 20 世纪 80 年代产生了革命性的影响，但是如果不是风险投资市场在 20 世纪 70 年代陷入如此严重的恐慌，这些技术可能会提前出现。

汤森（Townsend，2015）对 2000 年至 2003 年的技术市场崩溃进行了一项有趣的分析，研究了企业自身并无过错但无法获得再融资的可能性。他考察了经济崩溃期间与 IT 行业无关的企业获得另一轮融资的可能性，以及这种可能性如何随着其领投公司对互联网行业风险敞口的变化而变化。他比较了在泡沫达到顶峰前的几年里持有大笔互联网行业投资的投资者资助的非 IT 企业和在此期间几乎未投资互联网于行业的投资者资助的非 IT 企业。（基于所有可观察到的特征，这些企业在其他方面是相同的。）那些不幸的、受有互联网风险敞口的投资者资助的企业，获得下一轮融资的可能性要小得多。分析表明，这些不幸的企业（尽管他们的技术与互联网、电信或软件无关）和那些资助者没有严重互联网风险暴露的企业相比，获得额外融资的概率下降了 26%。如果一个潜在的创业者意识到，即使他做的一切都是正确的，但是因为他不幸地选择了这样的资助者而使生意可能会失败，他对新企业的热情可能会消退。他很可能会得出这样的结论：如果他要去赌博，去拉斯维加斯是一个成本更低、痛苦更少的选择。

人们可能会认为，新企业的终止没什么大不了的。毕竟，在

20 世纪 70 年代可能因缺乏资金而衰落的个人电脑技术，最终在接下来的十年里迎来了曙光。但除了这一破坏性过程固有的延迟之外，还有一个问题是对激励的影响。

企业在繁荣期的过度融资也不一定是好事。虽然过度融资可以激发创造力（Ewens、南达和罗德－葛洛夫，2018），但它也可能导致无谓的重复，因为多个公司追求相同的机会，每个跟随者往往更加被边缘化。通常，最初的市场领导者员工被跟随者挖走，破坏了最有可能成功公司的发展。此外，一旦过度融资的情况有所减轻，那些幸存下来的企业就很难吸引到资金，因为该行业往往笼罩着一种让风险投资者望而却步的有毒气氛。这种疯狂反复发生的例子不胜枚举：大量涌现的社交网络公司、20 世纪90 年代末对 B2B 和 B2C 互联网公司的狂热追捧，以及 20 世纪80 年代初为磁盘驱动器公司融资的激增。在每一种情况下，当风险资本家因收益不佳而撤出该行业时，不良后果行为会随之汹涌而来。结果，这些时期对相关行业内的所有企业都产生了难以置信的破坏性。

然而，在许多情况下，政治领导人将风投活动的激增解读为这样一个信号，用新的补贴进行干预是合适的，即使在公共资金边际回报下降的情况下。但是，公共基金可能会给过热的市场"火上浇油"。在 21 世纪 10 年代上半叶的风投热潮过后，中国政府决定"双倍"补贴风投活动，就是一个引人注目的例子。

7.2.3　人力的维度

最终的分离反映了那些往往与获得巨大创业成功的人相关的特性。政府官员可能有许多宝贵的才能，并发挥着极其重要的作用，但成功识别和资助创业企业的相关技能集与他们在日常工作中遇到的非常不同。风险投资的模糊性、复杂性和专门性使得相关的任务相当具有挑战性。

在许多情况下，官员可能明显不能胜任选择和管理创业或创新企业的任务。我们可以举出许多例子，说明政府领导人没有仔细考虑现实的市场机会、被资助的创业者和中介机构的特点，以及他们提供的补贴将如何影响行为。出于善意的官员制定的规则，可能会被证明对他们打算帮助的人非常有害，不管是影响企业接受外部融资、外包常规编程工作，还是应对客户需求变化的能力的规则。

但除了公共部门的监管不力外，经济学家的注意力大多集中在影响这些和类似计划的一个更阴暗的问题上："监管俘获"理论。这一假设提出，实体，无论是政府还是产业的一部分，都将组织起来去捕获公共部门发放的直接和间接补贴。然而，公共补贴往往容易出现政治捕获问题，有良好关系的个人最终获得大部分利益，那些面向创业企业的补贴也不例外（Akcigit、Baslandze和洛蒂，2018）。最具创造力的企业家往往是局外人这一事实加剧了这些问题，例如，大量文献证明了无论是在一般情况下还是在高潜力企业中，移民在美国创业人数中的占比与其在总人群中的占比并不匹配［克尔和克尔，2017；参见（费尔利和Lofstrom，2015）的更全面的评论］。

这些捕获问题常常因不透明和定义不佳的流程而加剧。尽管选择最有前途的新企业不太可能是件容易的事，但让流程变得不透明也不太可能有所帮助。例如，在介绍部分讨论所提到的能源部在用于选择清洁技术公司资助的标准方面就缺乏透明度。由于缺乏明确性，公司通过雇佣说客寻求资助作为回应。在美国大型风投公司新企业联合（New Enterprise Associates）的投资组合中，超过一半的清洁技术公司都雇佣了游说者试图影响资助。对影响力活动的强调由于单个资助的巨大规模而加剧：奥巴马政府不是将资金分散给各种竞争者，而是寻求挑选胜利者。这是一个经典的情况，一个公共计划的目标是私人投资者已经感兴趣的领域，但实际上最终导致了适得其反的扭曲。

7.3 寻求解决方案

如何解决这些看似脱节的问题？在本章的最后部分，我讨论了两种可能的政策改革（独立和依赖配套资金）可以解决这些问题。

7.3.1 独立的需要

解决上述激励问题的一个方法是，政策制定者效仿央行官员，寻求将企业政策制定与日复一日的政治压力隔离开来。一大批经济学家都在宣扬将货币政策与政治压力分开的必要性，以免在选举前"做错事"的诱惑太大。建立一个组织来执行新的风险投资政策，在这个组织中，领导层可以独立于日常的政治压力，可以进行更长期的决策去解决上面描述的一些挑战。这样的措施还可以使一项计划不再需要时更容易被终止。

类似的独立治理已在其他投资领域成功实施。例如，参考加拿大养老金计划（CPP）的经验。该计划制定于 1966 年，作为退休储蓄的一层，位于老年保障制度（类似于美国的社会保障制度）和个人储蓄之间。它从雇主与工人处收取强制性的费用，并按工资的一定比例提供福利，由前几年的缴费和该计划的投资回报支付。

在 CPP 实行的头 30 年里，随着通胀指数等福利的增加，费用不断上升。这些资金被投资于不可转让的加拿大政府固定收益债券，还以次级市场利率贷给各省，用于学校和道路建设等项目。这些项目可能使加拿大社会受益，但毫不奇怪，它们对 CPP 的收益影响很小。此外，人口老龄化不利于 CPP。政府意识到拯救 CPP 意味着要么大幅削减福利，要么大幅提高缴费率。

类似的问题已经被证明困扰着许多美国养老金，特别是那些在董事会中有大量政治代表的养老金（安东诺夫、霍赫贝格和劳，2018）。但与美国不同的是，1995 年至 1997 年，加拿大的联邦政府和省级政府设法制定了一个解决方案，而美国政府几乎都是把养老金问题"往后推"。

为了应对这些挑战，CPP 投资委员会（CPPIB）于 1997 年成立。加拿大政府所采取的改革的一个关键部分是对该计划的治理进行大幅度的重组。它采用了一种被前首席执行官马克·怀斯曼（Mark Wiseman）称为"火鸡鸭"的结构，只不过它的特色不是一系列塞满了肉的家禽，而是"养老金计划中的皇冠公司内部的合伙模式"（勒纳、罗德－葛洛夫和伯班克，2013）。为了限制政治影响，CPPIB 的治理设立一个 12 人的委员会，这些人员名义上由联邦和省级政府任命，任命完全基于商业才智，而不是政治关系。董事会依次任命首席执行官，政府没有任何否决权。该组织的使命被设定为"完全为 CPP 成员的利益"进行投资，为该计划的受益人实现最佳的长期、风险加权回报，而不管政府的政策目标是什么。为了进一步使 CPPIB 免受政治影响，任何对其章程的修改都需要经过一个比加拿大宪法本身更严格的修订程序的批准。沿着这条路线进行的小规模试验在促进创业事业中取得了相当成功，例如新西兰风险投资基金计划[①]。

　　独立的另一个好处是在设定工资时更灵活。对于西方民主国家的公共机构来说，制定有竞争力的薪酬就更加困难了，因为在这些国家，媒体可能过于热衷于哗众取宠。现代加拿大养老金计划委员会的设计者创造了一种结构，允许公共养老金享有独特的自由，包括完全在加拿大公务员制度规模之外设定工资和奖金的能力。凭借数百万美元的奖金，以及能够在多伦多生活在一个相

[①] 对于这一计划详细历史和分析，参见 Lerner，Moore，& Shepherd（2005）。

宜的环境中工作并为国家进步做出贡献的能力，CPPIB 吸引了一支高素质的投资团队，其中许多人是加拿大人，他们在华尔街工作一段时间后渴望搬回家。

但实施这一计划一直具有挑战性。该基金因提议在 2008 年至 2009 年向四名高管支付总计 700 万美元的奖金而受到严厉批评，此前该基金在金融危机期间损失了近 19% 的价值。CPPIB 的理由是，薪酬是基于长期业绩，但无论是由于其复杂性，还是由于政治上狂热，都没有人理睬。董事会最终向下调整了薪酬政策。也许并不令人意外的是，CPPIB 领导团队中的大部分人最终都去了其他地方工作。

类似的警示故事也出现在 In-Q-Tel 公司的经验中。In-Q-Tel 是一家非营利风险投资公司，成立于 1999 年，目的是让美国中央情报局获得更多的尖端技术①。该机构的科学领袖们意识到，最复杂的技术不是在政府实验室中开发的，而是在硅谷的初创企业中开发的。In-Q-Tel 的设计就是为了解决这个问题，它允许政府访问这些公司的一些关键创新。该组织通常与独立的风险投资公司合作，利用各种类似风险投资的工具，对新兴公司进行适度的投资。

中情局意识到，它需要一个特殊的团队来管理 In-Q-Tel：既要熟悉高科技初创企业的世界，又要熟悉笨重、注重安全的政府

---

① 本描述基于布克等人（2005）、美国国家安全商业委员会（2001）和众多媒体报道。

官僚机构。为了最大限度地增加招到合适人选的机会，中央情报局把 In-Q-Tel 设立为一个独立的、非营利性的实体，这使它不受可能阻碍许多新人加入的公务员制度的约束。为了吸引这些工作人员，同时也为了避免出现一种旋转门、人们一旦具备必要的工作经验就会离开，中央情报局设计了一种与典型政府工作完全不同的薪酬方案。该方案包括一份固定工资、一份基于 In-Q-Tel 满足政府需求程度的奖金，以及一项员工投资计划。该计划从每位员工的工资中预先拿出一部分，与 In-Q-Tel 一起投资其投资组合中的年轻公司。

In-Q-Tel 运营了几年之后，《纽约邮报》决定将注意力转向这个组织①。记者们把这个项目描述为"在资本主义梦想道路上一个纳税人资助的阴谋的惊人故事"，他们把目光投向了薪酬方案。一篇文章指责 In-Q-Tel 的员工"利用纳税人的钱进行投机，以谋取个人利益"。不用说，他们没有讨论招聘熟悉硅谷的投资人员所面临的挑战，也没有讨论许多 In-Q-Tel 专业人士在私营部门可能赚得更多的可能性。《华盛顿邮报》称，这种安排"几乎与所谓的'猛禽'合伙关系相同，安然公司的高层可以通过这种合伙关系从雇佣他们的公司投资活动中获利"。无论是对薪酬水平的批评（尽管按照政府标准，薪酬水平很有吸引力，但远低于独立风险投资家的薪酬水平），还是与频繁的国会调查有关的分心，抑或是媒体的密切关注，尽管他们创造性地试图建立有吸引

---

① 这些引语是 Byron（2005）关于 In-Q-Tel 创作的几篇文章中的一篇。

力的激励机制，In-Q-Tel 一直在努力留住其投资员工。

虽然独立性不一定保证有效的政策制定，但它可以增加决策避开政治潮流的可能性，而依赖基于规则的方法和实验证据。经常是，在急于促进创业的过程中，政策制定者往往不允许对项目进行评估。在一个理想的世界里，措施的未来应该由其能否实现其目标来决定，而不是由支持者为其继续进行争论的激烈程度等因素来决定。独立的治理可以促进更好的决策。

再次回到 SBIR 项目，在许多例子中，分析可以提供极大的帮助。豪威尔（Howell，2017）的一项引人注目的研究表明，尽管在 2017 财政年度（美国小企业管理局，2018 年），最初的第一阶段资助仅占 28 亿美元资助总额的 20%，但该项目的所有积极效益基本上都来自这些最初的资助。同样，豪威尔的分析和我自己的分析都表明，那些设法获得不成比例奖金的公司带来了麻烦的影响。这些"SBIR 工厂"商业化的项目远远少于那些只获得一笔（或几笔）SBIR 资助的公司。它们在华盛顿的工作人员通常只专注于寻找申请补贴的机会。事实证明，这些问题很难消除，因为"工厂"员工往往是活跃的、狡猾的说客。

这种措施的另一个好处是时间限制。世界各地的民主制度都受到选举周期的兴衰影响。这不可避免地导致短期导向。即使是终身在职的领导者，也常常急于展示自己的进步，寻求快速解决办法。但是，建立风险投资行业是一项长期投资，需要多年的时间才能产生切实的效果。举个例子，历史学家将现代美国风险投资业的诞生追溯到 1978 年，也就是 SBIC 计划颁布整整 20 年后。

这不是一个一夜之间就能完成的过程。

因此，一项创业或风险投资计划需要政府官员的长期承诺。有一点是肯定的，那就是不会有什么立竿见影的回报。如果项目在几个月或几年后被放弃，它们几乎不可能带来任何好处。我们必须有一种不被最初的失败所动摇的承诺（例如，允许早期公共资助的投资或基金获得低回报率），而不是面对这种挫折对计划进行调整。一个独立的治理结构可以限制这些扭曲的影响。

与此同时，有时一个计划已经度过了有用的一生，不再被需要了。一个提名可能是资助风险基金的形成的美国的小企业投资公司（SBIC）计划。如今，美国的风险投资产业的规模已经大了许多个数量级，对该计划的需求也没有那么迫切了。许多接受SBIC资助的企业都是无法吸引私人资金边缘企业。但是，SBIC的接受者强烈要求扩大该计划，而不是终止该计划。

7.3.2　配套资金

由于缺乏对市场运作方式的理解，或者出于政治而非经济考虑，有关资金分配的决策往往会被扭曲。通过要求从私营部门筹集相应的配套资金，可以很大程度上减少不知情决策和政治干预的危险。

我们已经提到了一些例子，一些出于善意但不知情的领导人做出了愚蠢的决定，以及政治上的捕获导致了不成功的决策，例如将大部分资金分配给几乎没有成功机会的地区。然而，另一种扭曲是政策制定者根据市场喧嚣声或不完整的信息做决策。一项研究决定了美国 50 个州中的 49 个启动了重大计划希望创造一个活动集群（费尔德曼和弗朗西斯，2003）来促进生物技术产业发展。事实上，这些州中只有少数几个拥有支持成功集群的科学资源基础和配套设施（例如，精通生物技术专利法和融资实践的律师），因此大部分资金都被浪费了。当这些计划能确实支持一家有前途的公司时，在许多情况下，它会迅速转移到更有利于生物技术创业的地区 ①。

公共部门针对特定产业的绝大多数努力似乎都远未取得成功。如果几十个博士用大量的历史数据钻研计量经济学模型数年，都无法解释如何寻找适合的产业，那么一般的政府领导人如何能在有限的信息和有限的时间内辨认哪些产业有良好的前景呢？

有一种方法可以解决这个问题，至少是部分解决。最直接的方法就是坚持配套资金。如果风险投资基金或创业公司需要从外部渠道筹集资金，那些最终在商业上不可行的组织将被拒之门外。为了确保这些配套资金发出强有力的信号，配套的资金应该包含大量的资本（理想情况下，一半或更多的资金应该来自私营部门）。这些规定可以限制强加地域多样性要求的诱惑，防止将资金引入到不可行的领域。

配套基金的力量在被认为是公共风险投资计划的黄金标准中得到了清楚的证明。1992 年 6 月，以色列政府成立了亚泽马（Yozma）

---

① 参见克利夫兰生物技术计划的传奇故事，如 Fogarty and Sinha（1999）所述。

风险投资有限公司，这是一个由公共部门全资拥有的 1 亿美元基金（Avnimelech、肯尼和 Teubal，2004；经合组织，2003 年；塞诺和桑热，2009；Trajtenberg，2002）。当时，只有一家风险基金——雅典娜（Athena）风险合伙公司活跃在该国。虽然以色列肯定有训练有素的工程师在研究有前途的技术，但创业者（以及潜在的公司创始人）对风险投资者持怀疑态度。这种不情愿部分是基于他们与先锋风险投资家的互动，以及他们对向无关联方出售股权的普遍怀疑。相反，它们更愿意依靠银行债务融资。当然，唯一的问题是，这种融资很少能提供给年轻的、有风险的企业。

亚泽马的主要目标是将外国风险投资家的投资专业知识和联系网络带到以色列。这个国家早期促进高科技创业措施的失败凸显了这种协助的必要性。一项评估得出的结论是，在之前的项目中，有 60% 的创业者成功地实现了他们的技术目标，但仍然失败了，因为创业者无法营销他们的产品或筹集到进一步发展的资金。外国专家被视为克服这一问题的关键。

因此，亚泽马积极劝阻以色列金融机构参与其计划。相反，重点是让外国风险投资者向以色列创业者提供资金。政府向投资者提供配套基金，通常是 2000 万美元基金中的 800 万美元。该风险基金有权在前五年内以初始价值加上约 5% 至 7% 的预设利率回购政府股份。因此，亚泽马的设计意味着，政府为风险基金提供一个额外的激励，如果投资被证明是成功的。此外，从该国早期的项目中吸取教训来刺激风投行业——烦琐的申请程序和繁重的报告要求阻碍了参与，因此，该计划的管理被有意简化。

亚泽马计划超出了创始人最疯狂的梦想。有 10 个团体利用了这个机会，大部分来自美国、西欧和日本。许多最初的亚泽马基金，包括双子（Gemini）基金和瓦尔登风险投资（Walden Ventures）基金，都获得了惊人的回报，并成为规模更大的后续基金的先驱。此外，许多被海外风险投资家招募的本地合伙人能够分立出来独立并建立自己的公司，而全球风险投资家则因为他们令人印象深刻的业绩记录而渴望投资这些公司。（亚泽马的"校友俱乐部"允许各个小组在这些转型过程中互相学习经验。）该计划启动十年后，最初的 10 个亚泽马团体管理着总计 29 亿美元的以色列基金，同时，以色列风险投资市场已经扩大到包括 60 个团体，管理着约 100 亿美元的资金规模（埃尔利赫，2007）。以色列的风险投资占国内生产总值的比例始终高于任何其他国家，这一事实也表明了该计划巨大成功。

尽管配套资金是一个强有力的想法，但细节决定成败。在中国的政府引导基金倡议中，中央政府也规定了相应的资金要求。在一些一线城市，政府基金与合法投资者的资金相配套。然而，在许多二三线城市（许多基金是在这些城市设立的），配套基金的要求已经放宽。大部分资金不是来自消息灵通的私营部门，而是来自急于促进地方经济发展的省市政府，或者来自这些官员控制下的国有企业。因此，配套资金的信息含量大大降低。

对配套资金要求的一个担忧是，有些部门和地区私人资金非常匮乏。在这些情况下，要求企业筹集相应的风险投资可能只会引来很少的公共资金。可能解决这个"先有鸡还是先有蛋"的